Pius Nina

O efeito da piscicultura na dinâmica populacional dos vectores da malária

Pius Nina

O efeito da piscicultura na dinâmica populacional dos vectores da malária

ScienciaScripts

Imprint
Any brand names and product names mentioned in this book are subject to trademark, brand or patent protection and are trademarks or registered trademarks of their respective holders. The use of brand names, product names, common names, trade names, product descriptions etc. even without a particular marking in this work is in no way to be construed to mean that such names may be regarded as unrestricted in respect of trademark and brand protection legislation and could thus be used by anyone.

Cover image: www.ingimage.com

This book is a translation from the original published under ISBN 978-3-659-81879-0.

Publisher:
Sciencia Scripts
is a trademark of
Dodo Books Indian Ocean Ltd. and OmniScriptum S.R.L publishing group

120 High Road, East Finchley, London, N2 9ED, United Kingdom
Str. Armeneasca 28/1, office 1, Chisinau MD-2012, Republic of Moldova, Europe
Printed at: see last page
ISBN: 978-620-8-14151-6

DEDICAÇÃO

Dedicado a todos os actores e partes interessadas relevantes envolvidos na utilização sustentável dos recursos das zonas húmidas e na gestão para controlo dos desafios de saúde ambiental relacionados. Dedico também este trabalho aos meus pais, Petro Nina e Salina Akinyi, e ao meu falecido irmão, Tobias Otieno, que me ensinaram o valor da educação e fizeram sacrifícios para que eu pudesse ter as oportunidades que eles não tiveram.

RECONHECIMENTO

Agradeço aos meus supervisores, Dr. Wolfgang Richard Mukabana e Dr. Eliezar Kateyo, cuja orientação cuidadosa e críticas inestimáveis moldaram e apoiaram as minhas ideias. O ambiente caseiro que me foi concedido pelo pessoal médico, Erick e Fredrick, do Centro de Saúde de Ratuoro, onde criei as larvas, foi útil e muito apreciado. Estendo a minha gratidão aos Jesuítas pela sua ajuda incomensurável. Tive também o privilégio de ter o apoio do Gerson, da Florence e do Geoffrey em várias fases deste estudo.

No entanto, aceitarei certamente como inteiramente meu qualquer erro neste trabalho.

ABREVIATURAS

AHAA : Area of High Agricultural Activities (Drained parts of the swamp)

AIPV : Area of Intact Primary Vegetation (Undrained parts of the swamp)

Tp : Treated pond

Cp : Control pond

Fp : Fish pond

SWP : Standing Water Pools

WHO : World Health Organization

EM : Environmental Management

LC : Mosquito Larval Control

MVS : Mosquito Vector Surveillance

EPS : Expanded Polystyrene Beads

Bti : *Bacillus thuringiensis israelensis* (a bacterial pathogen)

Bs : *Bacillus sphaericus* (a bacterial pathogen)

US CDC: United States Centres for Disease Control and Prevention

S : Season

Sp : Species

H : Habitat type

MD : Mosquitoes Density

Km : Kilometer

M^2 : Square meter

JICA : Japanese International Cooperation Agency

LVEMP: Lake Victoria Environment Management Programme

RESUMO

Neste estudo, investigou-se a relação entre o peixe (tilápia do Nilo: *Oreochromis niloticus)* e a distribuição e abundância de larvas do mosquito da malária em cinco locais ecológicos do pântano de Yala, no oeste do Quénia. O objetivo era determinar a prevalência e a sazonalidade da proliferação dos vectores da malária e a importância relativa dos parâmetros de qualidade da água, como a temperatura, o pH, o oxigénio dissolvido, a condutividade e a turvação, na distribuição das larvas do mosquito. Foram identificados dois locais, nomeadamente uma zona de elevada atividade agrícola (AHAA) e uma zona de vegetação primária intacta (AIPV). Os habitats de reprodução inspeccionados para detetar a presença de vectores da malária na AHAA incluíam um tanque de controlo, um tanque tratado, um tanque de peixes e poças de água parada. O solo pantanoso foi inspeccionado no AIPV. As espécies de mosquitos identificadas foram *Anopheles gambiae, Anopheles funestus* e Culicines. *O An. gambiae* representou 57,4% do total de mosquitos identificados nas experiências de campo e de semi-campo, sem diferença significativa de densidade entre as estações. *O An. funestus* foi o segundo em abundância, com 25,8%, seguido dos Culicines, que só representaram 16,8% das espécies de mosquitos no pântano de Yala durante o estudo.

Para além da temperatura, a distribuição e a abundância de larvas de mosquito foram significativamente associadas aos parâmetros de qualidade da água, tais como pH ($r = -0,48$; $P < 0,01$), DO ($P < 0,01$), Condutividade ($r = -0,11$; $P < 0,01$) e Turbidez ($r = -0,57$; $P < 0,01$). Embora se tenha observado que os peixes perseguiam e se alimentavam de larvas de mosquitos, a redução da população de mosquitos no tanque semeado com peixes não foi estatisticamente significativa ($P > 0,01$). A ocorrência dos vectores primários mais eficientes da malária no pântano de Yala pode acelerar o fardo da malária na região se não forem tomadas medidas adequadas.

ÍNDICE DE CONTEÚDOS

CAPÍTULO UM

INTRODUÇÃO E ANTECEDENTES

1.0 Introdução

Este capítulo apresenta um esboço do estudo, que inclui os antecedentes, a declaração do problema, os objectivos e questões de investigação, o âmbito do estudo e a estrutura e organização da dissertação.

1.1 Antecedentes

A malária continua a ser um obstáculo à redução da pobreza, especialmente no terceiro mundo, onde a doença afecta os orçamentos dos países, reduz a produtividade dos adultos, provoca elevadas taxas de mortalidade infantil e agrava o absentismo escolar das crianças (Sachs e Malaney, 2002). A nível mundial, a febre relacionada com o paludismo varia entre 300 e 500 milhões de casos clínicos por ano, em todas as idades (OMS, 2000). A epidemiologia da malária é determinada pela dinâmica dos mosquitos vectores, com 90% dos casos de malária a nível mundial em África, onde a doença mata cerca de 3000 crianças por dia (OMS & UNICEF 2003).

Um inquérito realizado na África Oriental também revelou uma prevalência substancialmente mais elevada de infeção por paludismo entre as populações mais pobres, especialmente nas zonas rurais. A resistência dos parasitas do paludismo à sulfadoxina-pirimetamina é particularmente grave no Nordeste da Tanzânia, onde o insucesso clínico chega a atingir 50% (Mutabingwa, *et al.,* 2001). No entanto, foram registados níveis elevados de resistência também em partes do Burundi, do Quénia, do Ruanda e do Uganda (EAN MAT, 2003).

Embora a Sulfadoxina-pirimetamina já não seja um medicamento de primeira linha, a resposta dos parasitas da malária a novos medicamentos, como a Artemisinina, precisa de ser investigada a longo prazo.

No Quénia, o relatório lido pelo Presidente Kibaki (2005) revelou que a febre da malária é responsável por 30% a 50% das consultas externas e 20% de todos os internamentos hospitalares. Nos últimos anos, tem-se verificado no Quénia uma tendência para transferir o controlo da malária das agências de controlo da malária designadas a nível nacional para os centros locais de cuidados de saúde primários. Mas estes centros já estão financeiramente limitados e, consequentemente, mal preparados para conduzir operações de controlo do parasita. Embora o fornecimento de redes mosquiteiras e de medicamentos para tratar os parasitas da malária possa ajudar a reduzir o fardo da malária, é pouco provável que esta abordagem proporcione soluções sustentáveis para o problema.

Mais preocupantes são os relatórios de estudos recentes que indicam que mesmo a utilização de redes mosquiteiras impregnadas de inseticida já não pode ser uma forma segura de prevenir as picadas de mosquito. Foi estabelecido que uma mutação diferente do tipo "Kdr" (leucina-fenilalanina) foi detectada em *Anopheles gambiae* no Quénia ocidental, onde um grande programa de redes mosquiteiras tratadas com inseticida (ITN) gerido pelo CDC dos EUA teve em tempos um grande êxito (Chandre, *et al.,* 2000). Noutros locais, a mesma mutação, de acordo com Enayati, *et al.* (2003), também foi encontrada noutros vectores da malária, como o *An. stephensi* e *o An. sacharovi,* que são vectores primários de parasitas da malária no Mediterrâneo Oriental, sendo que *o An. stephensi* também se encontra no Sul da Ásia. Embora as redes mosquiteiras tratadas com inseticida de longa duração (REMILDs) estejam a ter bons resultados como nova invenção, o seu efeito a longo prazo ainda não está estabelecido.

A luta contra o paludismo não é o mesmo que a luta contra muitas outras doenças, porque a sua transmissão depende da dimensão e da distribuição da população de vectores no espaço, da sazonalidade, da frequência dos contactos entre humanos e vectores, do nível de participação das comunidades locais na luta contra os vectores e de outras especificidades do meio. Consequentemente, é necessária informação exacta e atempada sobre a abundância e distribuição dos vectores do paludismo antes de se poder planear o controlo do paludismo e atribuir adequadamente os recursos limitados.

É certo que o vetor da malária continua a ser o elo fundamental na transmissão da malária e, por isso, merece um novo e sério esforço de investigação. Este estudo foi uma tentativa de explorar as condições ambientais predisponentes, com peixes como potenciais predadores ecológicos de larvas de mosquitos. Embora uma investigação semelhante a alguns aspectos deste estudo tenha sido efectuada no Distrito de Suba por um grupo de investigadores (Minakawa, *et al.,* 1999), o enfoque foi na distribuição espacial e na caraterização do habitat das larvas do mosquito *Anopheles*. Subsequentemente, a investigação anterior não integrou uma análise detalhada da química da água, nem investigou o papel dos peixes como potenciais predadores de vectores na estimativa da abundância e distribuição das larvas de mosquito. Assim, não tinha sido feita qualquer investigação que relacionasse os peixes com o controlo das larvas de mosquito no Quénia Ocidental.

No Quénia, o pântano de Yala é a maior zona húmida de água doce (Otieno, 2004), mas as intervenções humanas na drenagem do pântano e as actividades agrícolas e aquícolas em grande escala, com canais de irrigação e construção de estradas, alteraram o ecossistema natural de um dos maiores pântanos deltaicos da região e abriram caminho para o aparecimento de diferentes espécies de mosquitos vectores de vários agentes patogénicos e a sua propagação.

Os habitats do pântano não só são importantes para a diversidade dos recursos vegetais e animais, como também constituem uma fonte de subsistência para as comunidades locais que dependem das funções que o pântano desempenha. Por exemplo, o ecossistema altamente produtivo do pântano é caracterizado pelas suas macrófitas densas, como o papiro *(Cyperus papyrus)* e os juncos *Phragmites mauritianus*. Isto sem esquecer a rica comunidade animal, com as ninfas aquáticas das moscas-dosmaiús *(Ephemeroptera)*, das libélulas *(Odonata)* e das moscas-das-pedras *(Plecoptera)*.

Infelizmente, ao contrário de outras zonas húmidas, o pântano de Yala não tem estatuto de proteção, o que o expõe a uma exploração descontrolada. O estabelecimento de quintas da Dominion na zona desde 2003 aumenta a pressão para recuperar o pântano para fins agrícolas, apesar da sua reconhecida importância. Embora as actuais actividades da Dominion Farm representem uma série de ameaças que vão desde a utilização dos recursos do pântano a questões relacionadas com a saúde, a sua presença constitui uma excelente oportunidade para associar projectos de investimento ao desenvolvimento de sistemas de saúde.

Uma vez que não havia informação ou conhecimento prévio dos locais de reprodução das larvas no pântano, foi efectuado um estudo de campo para obter essa informação. A ligação entre a piscicultura e o controlo de vectores foi considerada uma forma de procurar fornecer uma conceção de sistemas integrados para a capacitação económica dos residentes da área de Yala, bem como uma estratégia de controlo das larvas de mosquitos, ao mesmo tempo que se mantém amiga do ambiente. Embora se tenha registado sucesso em locais onde o peixe foi utilizado para controlar as populações de mosquitos (Legner, 1978b), a influência do peixe na população de larvas de mosquitos nunca tinha sido experimentada em nenhum local do Quénia Ocidental.

A aquacultura e os sistemas de irrigação no pântano de Yala asseguraram o abastecimento permanente de água, uma condição adequada para suportar tanto os peixes como as larvas de mosquito. A tilápia do Nilo foi considerada adequada para o controlo das larvas do mosquito da malária, uma vez que é indígena, pode ser obtida nos tanques existentes no local, é comestível e come as larvas do mosquito.

1.2 Hipótese nula

Não existe uma relação significativa entre a abundância de locais de reprodução de larvas de mosquito e a produtividade dos vectores da malária no pântano de Yala.

1.3 Declaração do problema

Embora o governo queniano tenha promovido programas de intervenção contra a malária, a ênfase é colocada na utilização de redes mosquiteiras impregnadas de inseticida, pulverização de inseticida e medicamentos para eliminar os parasitas da malária. O ambiente do pântano de Yala, no Quénia Ocidental, foi modificado pelos projectos da Dominion, como a aquacultura e a irrigação de culturas, mas não foi feito nenhum estudo para investigar o potencial da piscicultura como estratégia de redução da fonte de larvas do mosquito da malária. A gestão integrada das intervenções de controlo dos vectores da malária poderia ser concebida de modo a incorporar medidas ambientais, com a compreensão da ecologia das larvas de *Anopheles* em relação à piscicultura, pois isso poderia promover a saúde da comunidade e o desenvolvimento económico sustentável.

1.4 Objectivos

1.4.1 Objetivo geral

Determinar a abundância e a distribuição das espécies de mosquitos no pântano de Yala e avaliar o potencial da piscicultura como estratégia de redução de fontes para o controlo do vetor da malária.

1.4.2 Objectivos específicos

1. Identificar as diferentes espécies de mosquitos da malária presentes no pântano de Yala.
2. Determinar a abundância de espécies de mosquitos da malária em pântanos e lagoas e correlacionar este facto com a piscicultura;
3. Avaliar o papel dos parâmetros físico-químicos na distribuição dos vectores da malária.
4. Avaliar a produtividade média das larvas de mosquito em lagoas, charcos e pântanos não perturbados.

1.5 Questões de investigação

1. Que espécies de mosquitos existem no pântano de Yala?
2. Como é que a piscicultura se correlaciona com a distribuição e abundância de larvas de mosquito no pântano de Yala?
3. A mudança de estação e, consequentemente, as alterações físico-químicas dos habitats das larvas têm uma influência significativa no tamanho da população de larvas de *Anopheles*?

1.6 Importância do estudo

A investigação relatada nesta dissertação tentou explorar e examinar a ligação entre a abundância e a distribuição do mosquito *Anopheles* e a piscicultura no pântano de Yala, a oeste do Quénia. Espera-se que os resultados do estudo forneçam uma base para novas investigações neste domínio. Além disso, o estudo aumentará a atenção dada às medidas de intervenção biológica para o controlo da malária no Quénia e ao longo das margens da região do Lago Vitória, em particular. Uma vez que os habitats das larvas são mais localizados, ao contrário dos mosquitos que voam livremente, poderá ser menos dispendioso controlar os mosquitos na fase larvar antes de atingirem a maturidade e se dispersarem no ambiente.

Além disso, espera-se que o estudo contribua para a agenda dos objectivos de desenvolvimento do milénio sobre o papel da doença na redução da pobreza e no desenvolvimento sustentável. Consequentemente, o estudo fornece um quadro para a realização de modelos eficazes em termos de custos nas medidas de intervenção de prevenção e controlo da malária. Espera-se que os resultados sejam utilizados para estimar as tendências existentes e avaliar as questões relacionadas com as estratégias de controlo dos vectores.

1.7. Âmbito do estudo

O estudo avaliou o papel dos peixes na distribuição e abundância dos mosquitos *Anopheles*. Também analisou os parâmetros físico-químicos que podem ter impacto na dinâmica populacional dos vectores da malária no pântano de Yala, no Quénia Ocidental. A análise incorporou actividades antropogénicas com potencial para alterar os habitats das larvas. Sempre que necessário, os resultados foram comparados com as conclusões de investigadores anteriores.

1.8 Apresentação da dissertação

A dissertação é composta por cinco capítulos. A sua estrutura e a sequência dos capítulos representam os passos seguidos na resolução das questões de investigação (problema). O primeiro capítulo apresenta uma introdução à dissertação. Inclui os antecedentes do estudo, os objectivos, a importância do estudo, o âmbito e a hipótese. O capítulo dois faz uma revisão da literatura relacionada com os casos de malária, a gestão ambiental para a redução do vetor da malária e o controlo biológico das larvas de mosquito, tendo os peixes como potenciais predadores.

Os materiais e métodos utilizados no estudo são apresentados no capítulo três. Enquanto o capítulo quatro se concentra na análise e apresentação dos dados e nas principais conclusões, o capítulo cinco discute o resultado do estudo e, além disso, inclui conclusões e recomendações para uma abordagem integrada da vigilância das larvas de mosquitos e investigações futuras.

CAPÍTULO DOIS

REVISÃO DA LITERATURA

2.0 Introdução

Este capítulo apresenta o estado atual dos conhecimentos sobre a forma como um ambiente modificado influencia a reprodução de mosquitos e o papel dos peixes no controlo das larvas de mosquitos. São aqui apresentados os principais estudos da literatura existente e/ou experiências documentadas. Também são apontadas algumas lacunas no conhecimento existente e como os resultados da investigação contribuem para o conhecimento existente (ou acrescentam ideias à literatura atual sobre a situação da malária na região ocidental do Quénia).

2.1 Controlo biológico das larvas de mosquitos

Em muitas regiões de diferentes continentes, tem sido utilizada nos últimos tempos uma vasta gama de organismos para regular naturalmente as populações de *Anopheles* através da predação, do parasitismo e da competição por recursos limitados. O controlo biológico de vectores refere-se a qualquer esforço destinado a manipular ou introduzir certos organismos com potencial para suprimir as populações de vectores. Tanto no passado como no presente, os principais agentes biológicos que têm sido utilizados com sucesso contra o *Anopheles* são predadores como os peixes *(Gambusia affinis, Oreochromis mosambicus* e *Oreochromis niloticus)* e os agentes patogénicos bacterianos, particularmente *o Bacillus thuringiensis israelensis* (Bti) e *o Bacillus sphaericus* (Bs) que atacam as larvas do mosquito (Das e Amalraj, 1997). Outros organismos identificados que têm o potencial de reduzir as populações de larvas de mosquitos incluem uma série de agentes patogénicos fúngicos, a planta aquática Azolla, sapos e o nemátodo *Romanomermis culcivorax* (Lacey e Lacey, 1990).

Existem vários agentes de controlo biológico disponíveis localmente, e há uma série de razões pelas quais vale a pena encorajá-los e promovê-los para o controlo de vectores. Em primeiro lugar, ao contrário do controlo químico, a maioria dos agentes de controlo biológico são seguros para os seres humanos e para a vida selvagem não visada. Em segundo lugar, a utilização de peixes indígenas pode ser efectuada a um custo relativamente baixo. Por último, quando a predação é a principal estratégia de controlo biológico, o receio de que os mosquitos se tornem resistentes, que está frequentemente associado à estratégia de controlo químico dos mosquitos, é completamente excluído (Yap, 1985).

2.2 Relação entre a piscicultura e a densidade da população de larvas de mosquito

A piscicultura pode oferecer uma medida atractiva de controlo das larvas de mosquito quando integrada com a drenagem de fontes de água estagnada e o uso de insecticidas microbianos amigos do ambiente, como o Bti (Higginbotham, *et al.*, 2003). A estratégia é simples e pouco dispendiosa a longo prazo, além de constituir uma fonte de geração de rendimentos para as populações rurais pobres. Durante mais de um século, foram publicados vários relatórios sobre a eficácia de diferentes espécies de peixe e a OMS (1981) enumera 34 espécies de peixe amostradas na região do Mediterrâneo Oriental, bem como na Somália e no Sudão, estendendo-se para leste até ao Paquistão.

Enquanto que 26 espécies de peixes têm o potencial de controlar as larvas de mosquito exercendo pressão sobre os nutrientes disponíveis, e mesmo alimentando-se de larvas de mosquito sob certas condições, oito espécies reconhecidas que se alimentam diretamente de larvas de mosquito incluem *Tilapia zilli, Oreochromis mossambicus, Carassius auratus, Aphanius dispar, Gambusia affinis, Nothobranchius palmquisti* e *N. guentheri* e *Poecilia reticulata* (OMS, 1981).

Em Nova Jersey, os peixes que comem larvas de mosquitos, especialmente *Gambusia affinis*, têm desempenhado um papel muito significativo num esforço para controlar os mosquitos de uma forma considerada eficiente, económica e ambientalmente correta (Gooley e Lessy, 1977).

A fase larvar do desenvolvimento dos mosquitos é aquática, o que implica que as larvas só podem sobreviver com microrganismos e nutrientes subterrâneos. Esta limitação da fase larvar ao ambiente aquático torna os peixes potencialmente adequados para o controlo das larvas de mosquito. Em algumas partes do mundo, espécies de peixes disponíveis localmente foram introduzidas em lagos, valas, lagoas ornamentais e poças de água estagnada perto de áreas de habitação humana, o que reduziu drasticamente as populações de mosquitos vectores e não vectores com bastante rapidez (Victor, *et al.*, 1994; Fletcher, *et al.*, 1992; e Wu, *et al.*, 1991).

2.3 Criação de peixes no pântano de Yala

Embora as tentativas de explorar as perspectivas de desenvolvimento do pântano de Yala tenham começado já na década de 1950, os projectos anteriores apoiados pela FAO e pelo PNUD entre as décadas de 1960 e 1970 não consideraram a piscicultura (Osienala, 1998; ILACO, 1975; Governo do Quénia, 1987). O primeiro estudo, que sugeriu que o pântano de Yala poderia suportar a produção comercial de peixe em tanques de piscicultura, para produzir até 60 toneladas métricas (MT) de peixe por ano, foi feito pela JICA em 1987 (Governo do Quénia, 1987). O desenvolvimento da piscicultura comercial também foi considerado no recente estabelecimento de projectos da Dominion Farm no local.

Posteriormente, os projectos da Dominion Farm introduziram o peixe-gato africano *(Clarias gariepinus)* num tanque e a tilápia do Nilo *(Oreochromis niloticus)* em tanques e gaiolas.

É certo que outros investigadores salientaram que a pesca no pântano é importante tanto para a biodiversidade como para o valor socioeconómico (Abila, 2002 e Abila, *et al.,* 2004). Para as comunidades locais em torno das margens do Lago Vitória, e em torno do pântano de Yala em particular, o peixe é a maior fonte de proteína animal.

2.4 Diversidade de mosquitos

Os mosquitos são insectos pertencentes à ordem Diptera; famílias *Cuilicidae* e *Toxorhynchitinae.* Os três géneros mais conhecidos de *Cuilicidae* incluem *Aedes, Anopheles* e *Culex.* Os mosquitos são verdadeiras moscas, cada uma com um par de asas e, ao contrário de outros insectos, as suas asas têm escamas. O termo mosquito deriva da palavra espanhola musketa ou "musketas" para os mosquitos. Esta palavra foi interpretada como significando "mosca pequena". Em Inglaterra, os mosquitos eram chamados pelos ingleses de gnats. Assim, os mosquitos têm sido designados por nomes diferentes consoante o país e a cultura. Existem mais de 3.000 espécies diferentes de mosquitos no mundo e a sua distribuição e abundância variam com diferenças espaciais e temporais em todo o mundo (www.hilltopanimalhospital.com).

Os vectores da malária humana pertencem todos ao género *Anopheles*, cujos adultos se reconhecem pela sua postura de "cauda no ar", asas manchadas na maioria das espécies tropicais e um longo par de palpos ao lado da probóscide na fêmea. Sabe-se, por exemplo, que *o Anopheles gambiae,* o principal vetor da malária em África, explora até mesmo colecções de água transitórias.

Só as fêmeas adultas dos mosquitos tomam farinha de sangue, de que necessitam para o desenvolvimento dos ovos. Durante a postura, os ovos entram em contacto com a água, onde permanecem até se transformarem em larvas em cerca de três dias. As larvas demoram cerca de 7 a 10 dias a passar à fase de pupa, que dura cerca de 2 a 3 dias antes do aparecimento dos mosquitos adultos. Todo o ciclo demora cerca de duas semanas em condições favoráveis, e uma fêmea de mosquito pode pôr até 400 ovos (Houseman, *et al.,* 2005).

Os mosquitos *Anopheles* são importantes vectores da malária em todo o mundo. E a variação espacial afecta a abundância e a distribuição dos vectores da malária. Os anophelinos de origem asiática incluem o *An. dirus e o An. mascullates, sendo que o An. claviger* também se encontra na Europa. No entanto, as espécies de Anopheline na América Central e do Sul incluem *Anopheles darlingi, An. albimanus* e *An. pseudopunctipennis* (Manguin, *et al.*, 1993).

No coração do parasita da malária africana, o problema reside num grupo de vectores da malária muito eficientes que desenvolveram adaptações específicas aos seres humanos e ao seu ambiente. O grupo de espécies de *Anopheles* comuns às regiões afro-tropicais inclui *An. funestus, An. arabiensis* e o complexo *An. gambiae.* Na África Oriental, os vectores comuns da malária são o complexo *Anopheles gambiae*, enquanto os seus irmãos, Anopheles arabiensis, ocorrem na África Ocidental (Taylor, *et al.*, 1993).

No Quénia, a malária é causada pelo *Plasmodium falciparum* e transmitida mais frequentemente pelo *Anopheles gambiae,* sendo *o Anopheles funestus* outro vetor importante (Lehmann, *et al.*, 1998; Githeko, *et al.*, 1996; Khaemba, *et al.*, 1994).

Argumenta-se que, enquanto *o Anopheles gambiae* é mais prevalente na estação das chuvas, *o Anopheles funestus* prospera em altas densidades durante a estação seca em poças permanentes (Langi, 1998).

É referido que os mosquitos infecciosos se espalharam para as terras altas do Quénia Ocidental, onde nunca existiram até 1901, após a conclusão de uma linha ferroviária da costa queniana através das terras altas até à região do Lago Vitória. Posteriormente, a região do Lago Vitória passou a ser referida como "maláriaholoendémica" (Matson, 1957). Com pouca ou nenhuma atenção dada ao controlo biológico, a grande quantidade de doenças devidas à malária entre a população do Quénia, e particularmente na região da bacia do Lago Vitória, continuará. Mas uma vigilância cuidadosa das larvas pode resultar na redução da utilização de pesticidas, do nível de aquisição de medicamentos e do custo do controlo do paludismo em geral.

2.5 Papel das condições ambientais na distribuição e abundância dos mosquitos

Em diferentes partes do mundo, a abundância e a distribuição dos mosquitos vectores da malária têm sido atribuídas a variáveis ambientais. Diferentes estudos, que correlacionam a abundância e a distribuição dos mosquitos *Anopheles* com a transmissão da malária, sugerem que os factores ambientais contribuem significativamente para o aumento ou a diminuição da transmissão da malária. Por exemplo, Loevinsohn (1994) salientou que o aumento da temperatura era uma variável explicativa adequada associada aos casos de paludismo nas terras altas do Ruanda.

Um ponto de vista mais semelhante foi expresso por Knight e Nelville (1991), que pensaram que as alterações ambientais poderiam ser responsáveis por aumentos dramáticos da malária nas zonas montanhosas do Quénia.

Numa análise cuidadosa das mudanças de uso da terra e da transmissão da malária, Lindblade, *et al.* (2000) demonstraram que a conversão de pântanos de papiro em pântanos cultivados no Uganda está associada a temperaturas locais significativamente mais elevadas: um fenómeno que sugerem poder ser responsável pelas taxas mais elevadas de prevalência da malária encontradas nas aldeias vizinhas dos pântanos cultivados. Noutros locais, sugere-se que as baixas densidades de anopheline nos pântanos de papiro são o resultado das secreções das plantas, que são tóxicas para os mosquitos (McCrae, 1983). As actividades de utilização da terra e a má gestão da água podem modificar o microclima local, aumentando assim os casos de transmissão da malária, como aconteceu em Tigray, no norte da Etiópia (Ghebreyesus, *et al.,* 1999).

2.6 Gestão ambiental para o controlo dos vectores da malária

O comité de peritos em biologia e controlo de vectores da Organização Mundial de Saúde (OMS, 1980) definiu pela primeira vez a gestão ambiental para o controlo de vectores como uma tentativa prudente e hábil de modificar e/ou manipular os factores ambientais ou as suas interações com os seres humanos através de programas de actividades planeados e organizados, que envolvem alterações físicas e estruturais (frequentemente a longo prazo) em potenciais áreas de reprodução de mosquitos, concebidas para prevenir, eliminar ou reduzir os habitats dos vectores, minimizando assim a propagação dos vectores ou os contactos entre humanos e vectores e agentes patogénicos.

Bruce-Chwatt (1985) recomendou iniciativas em projectos mais específicos de saneamento de espécies (limpando as margens dos lagos de vegetação aquática emergente) dirigidos aos principais vectores da malária como uma forma de eliminar ou modificar o habitat de reprodução dos mosquitos. Este ponto de vista foi efetivamente apoiado por dados entomológicos de estudos de campo em Kitwe, na Zâmbia. O estudo de um grupo de cientistas revelou que as iniciativas de modificação ambiental planeadas para reduzir os locais de reprodução das larvas do vetor da malária resultaram em baixas densidades de mosquitos adultos (Baier, *et al.,* 1999).

Para as actividades agrícolas em grande escala, agricultura de irrigação e aquacultura no pântano de Yala, a Organização Mundial de Saúde recomendou a modificação do ambiente para o controlo dos mosquitos. Os principais métodos para conseguir algumas destas alterações incluem a drenagem, o nivelamento do terreno e o enchimento (OMS, 1982). Na estação das chuvas, por exemplo, as poças de água ou os pântanos que permanecem durante muito tempo nas terras agrícolas podem ser drenados através de bombagem (Takken, *et al.,* 1990). Do mesmo modo, os problemas dos locais de reprodução dos vectores criados pelo homem, especialmente os associados à irrigação e às estruturas de retenção de água, podem ser resolvidos enchendo as depressões de recolha de água e endireitando as margens dos canais de irrigação para melhorar a velocidade, desencorajando assim a reprodução dos mosquitos (Thevasagayam., 1985).

A lavagem de canais de irrigação, e mesmo de cursos de água naturais cujo fluxo de água é controlado para irrigar terrenos agrícolas, foi utilizada no Sri Lanka e no México, onde se registou sucesso na remoção de larvas *de Anophelespseudopunctipennis* associadas a campos de arroz (Konradsen, *et al.*, 1998; Rafatjah, 1988).

Em várias partes do mundo, os campos de arroz têm sido associados à abundância de vectores da malária. Por exemplo, na China e noutras partes da Ásia (Lacey e Lacey, 1990), a irrigação intermitente foi utilizada em campos de arroz, o que ajudou a reduzir com êxito as populações de mosquitos vectores de vários agentes patogénicos.

No entanto, estudos recentes revelaram que a composição do solo e as condições ambientais, incluindo a precipitação e a humidade, podem ainda permitir que as larvas do vetor completem o seu desenvolvimento, afectando assim negativamente a intervenção da irrigação intermitente, como aconteceu no esquema de arroz de Mwea, no centro do Quénia (Mutero, *et al.*, 2000).

A irrigação intermitente refere-se à drenagem periódica dos campos planeada para ocorrer com uma frequência que inibe as larvas de mosquito de completarem o seu ciclo de desenvolvimento. Mas a utilização combinada de irrigação intermitente com predadores biológicos e quaisquer outros tratamentos amigos do ambiente pode ajudar a conseguir uma redução significativa das populações de mosquitos (Rao, *et al.*, 1995).

O controlo larvar integrado tem de empregar uma abordagem holística, prestando atenção a outras estruturas feitas pelo homem, como tanques de água e poços, uma vez que também podem fornecer habitats adequados para a reprodução de mosquitos. Note-se que, em alguns tanques de água e poços abandonados, foram aplicadas esferas de poliestireno expandido (Eps) para controlar as larvas de *Anopheles* (Dua, *et al.*, 1989 e 1997). Foi ainda explicado que as esferas de Eps funcionam formando uma camada flutuante na superfície da água, bloqueando assim a oviposição dos mosquitos e causando uma elevada mortalidade das larvas.

No entanto, se for aplicado em águas pouco profundas, o Eps exposto pode ser levado pelo vento ou recolhido por pessoas que admiram a sua beleza artística para fazer jóias. Mesmo assim, as vantagens das contas de poliestireno expandido superam as desvantagens, especialmente devido à sua simplicidade, baixo custo, segurança e persistência (Singh, *et al.,* 1989).

Hoje em dia, considera-se que a revegetação da terra pode ser outra forma de enfrentar os desafios ambientais, com especial incidência no controlo dos vectores. Outros argumentam que a plantação de árvores pode ajudar a drenar terrenos pantanosos associados à proliferação de vectores. Embora sejamos avisados de que o impacto das árvores por si só sobre os vectores tem sido difícil de avaliar, nos casos em que tais iniciativas foram tomadas, os defensores desta ideia argumentaram que o valor económico de várias árvores poderia proporcionar benefícios financeiros, tornando o tratamento de algumas doenças transmitidas por vectores acessível (Sharma e Sharma, 1989).

2.7. Importância económica dos mosquitos

Os mosquitos são de importância económica por três razões principais:

1. Os mosquitos podem ser destrutivos para os seres humanos, uma vez que muitos deles são vectores. Para além de serem vectores de vários agentes patogénicos, os mosquitos são também controlados por motivos de incómodo, como o ruído e as picadas dolorosas.

2. Os mosquitos podem ser benéficos, uma vez que desempenham um papel muito importante nos ecossistemas aquáticos e terrestres, onde fornecem alimento a uma vasta gama de organismos aquáticos, incluindo peixes, libélulas e até morcegos. Assim, a eliminação dos mosquitos em todas as zonas não é ecologicamente saudável nem possível. No entanto, o controlo dos mosquitos para fins de proteção da saúde pública deve ser incentivado e centrado nos mosquitos em que fará o maior bem e o

menor mal. Tuttle e Hensley (1993) salientaram que os peixes e os morcegos estão entre os vários grupos de animais que se alimentam naturalmente de mosquitos.

3. Em terceiro lugar, os mosquitos são potencialmente bons indicadores ambientais, uma vez que certas alterações no ambiente afectam geralmente a sua abundância e distribuição. Por conseguinte, vale a pena estudá-los para uma melhor compreensão e conservação do ambiente.

CAPÍTULO TRÊS

MATERIAIS E MÉTODOS

3.0 Introdução

Este capítulo apresenta uma descrição geral da área de estudo, os métodos utilizados na amostragem das larvas de mosquito, as experiências, a identificação das espécies de mosquito e a análise dos dados.

3.1 Área de estudo

A zona húmida do pântano de Yala está localizada na costa nordeste do Lago Vitória (Figura 1). O pântano, que é o terceiro maior do Quénia depois do pântano de Lorian e do delta do rio Tana, é a zona húmida ribeirinha e de planície aluvial mais valiosa do delta do rio Yala. A zona húmida cobre uma área geográfica de 17.500 ha (175 km^2) e tem três componentes de lagos de água doce, nomeadamente, Kanyaboli (15 Km2), Sare (5,0 km2) e Namboyo (2,0 km2).

Uma empresa chamada Dominion Farms Ltd, que faz parte do Dominion Group of Companies de Oklahoma, EUA, entrou no pântano de Yala através de um acordo com a Lake Basin Development Authority (LBDA). A empresa celebrou um acordo com os Conselhos dos Condados de Siaya e Bondo para se dedicar à produção de arroz numa parte do pântano conhecida como área I, que abrange cerca de 2 300 ha dos 17 500 ha de zonas húmidas no âmbito do Projeto de Desenvolvimento Integrado do Pântano de Yala. Esta porção de terra tinha sido recuperada antes de 1970 e anteriormente utilizada pela LBDA para actividades agrícolas, principalmente para a produção de cereais, leguminosas e culturas hortícolas. No entanto, a Dominion iniciou actividades agrícolas em grande escala no pântano. As actividades do projeto foram além da agricultura, incluindo a construção de diques e açudes de irrigação, perfuração de água, construção de uma pista de aterragem e estradas. Para este efeito, propõe-se que uma parte de 9 200 ha seja recuperada da parte pantanosa conhecida como área **II** para satisfazer as necessidades dos novos projectos. Assim, restaria apenas a zona **III**, que cobre 6 000 ha (35%) da atual zona húmida, para servir de zona tampão.

Figura 1: Indica as áreas I, II e III da zona húmida do pântano de Yala

(Area I ☐, Area II ☐ and Area III ☐☐)

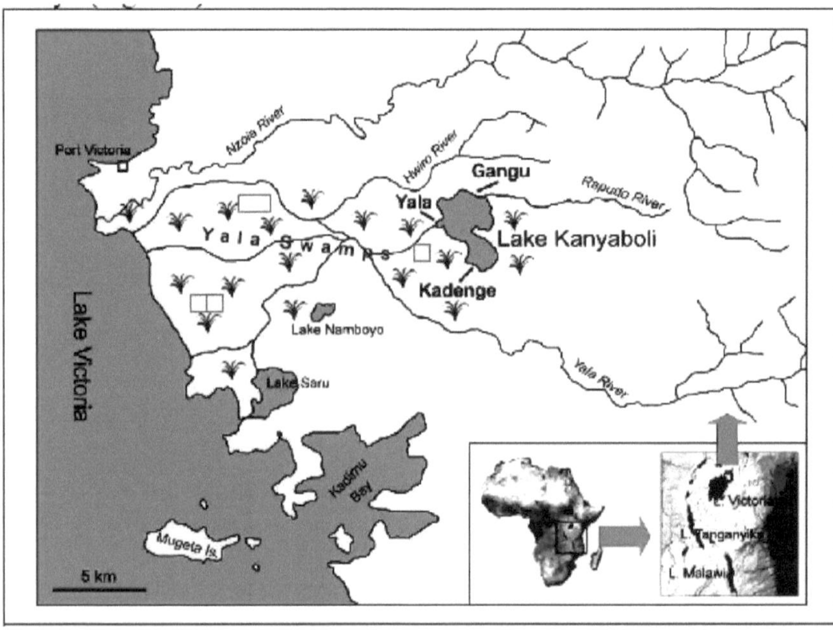

3.1.1 População circundante à área de estudo

Os habitantes da zona do pântano de Yala são maioritariamente Luos, que são os Nilotes do Lago do Rio, originários do Sul do Sudão por volta do século XVth . O pântano de Yala está situado na divisão de Boro, uma das sete divisões do distrito de Siaya. O distrito, que se situa entre a latitude 0° 26 Sul e 0° 18 norte e longitude 38° 58' leste e 34° 34' oeste, tem uma população total de 493.326 (266.644 mulheres e 226.682 homens) de acordo com o relatório da população projectada para 2002 (Estatísticas do Distrito, 2001).

3.1.2 Geologia e clima da área de estudo

A geologia do distrito de Siaya é composta por rochas expostas que incluem basaltos, desitos e riolitos. Existem variações no relevo, no solo e no uso da terra, que resultaram em três caraterísticas geo-morfológicas da área: terras altas dissecadas, terras baixas moderadas e o pântano de Yala. A altitude do distrito varia entre 1140 m acima do nível do mar, na parte oriental, e 1400 m acima do nível do mar, na parte ocidental. A quantidade de precipitação e a sua distribuição na área são influenciadas pela topografia. Há duas estações chuvosas, sendo que as chuvas longas caem entre março e junho, com um pico em abril e maio, e as chuvas curtas ocorrem entre finais de setembro e novembro. As áreas de maior altitude no leste recebem precipitação que varia entre 800 mm e 2000 mm, enquanto as áreas mais baixas no oeste recebem entre 800 mm e 1600 mm (District Statistics, 2001).

3.2 Seleção dos locais de amostragem

A amostragem de campo foi feita em cinco habitats diferentes, nomeadamente lagoa de controlo, lagoa tratada, lagoa de peixes, poças de água parada e pântano.

Partes drenadas do pântano (Área 1) foram deliberadamente escolhidas para quatro locais de estudo com base em actividades agrícolas estabelecidas, com seres humanos a frequentar o local, e a sua proximidade com canais de irrigação cobertos por vegetação de zonas húmidas.

Os outros factores considerados incluíam a acessibilidade do local e a facilidade de deslocação das larvas amostradas para o centro de criação e a segurança da instalação experimental. O pântano (área II) foi marcado como o quinto local ecológico propositadamente para avaliar os impactos da drenagem nos requisitos ecológicos do pântano para a reprodução de mosquitos.

3.3 Período de estudo

A recolha de dados foi efectuada de 5 de abril a 21 de agosto de 2006. A longa estação chuvosa persistiu de finais de março a princípios de junho, e a estação seca começou em julho. Embora o processo de recolha estivesse inicialmente planeado para começar em novembro de 2005, vários factores contribuíram para o seu atraso. O primeiro foi a autorização do Ministério da Educação, Ciência e Tecnologia do Quénia para realizar a investigação, que foi adiada na sequência do referendo constitucional queniano. Em segundo lugar, as controvérsias entre a Dominion Farms limited e a comunidade local sobre a utilização dos recursos das zonas húmidas do pântano atrasaram o acesso ao local.

3.4 Experiências

As experiências de campo avaliaram a capacidade de *Oreochromis niloticus* (tilápia do Nilo) para se alimentar de larvas de mosquito em função de factores como as condições criadas pela presença de resíduos metabólicos de peixe, comida de peixe não utilizada nos tanques e parâmetros físico-químicos associados. Utilizou-se o desenho de blocos completos aleatórios para melhorar o poder do teste de análise de variância (ANOVA) para remover a variabilidade associada a pequenas diferenças entre tratamentos (Kothari, 2004). Com este desenho foi fácil variar sistematicamente os factores relevantes por tratamentos, que foram replicados dentro de blocos.

Assim, foi possível identificar as condições óptimas, os factores que influenciaram o resultado e os que não influenciaram, e pormenores como a existência de interações e sinergias entre os factores. Foram avaliadas a distribuição e a abundância das espécies de mosquitos nos charcos, no solo pantanoso e nas poças de água parada, com incidência em dois factores (estação húmida e estação seca). Foi registado o número total de mosquitos e a sua distribuição por espécie.

3.4.1 Procedimento experimental

As experiências de semi-campo avaliaram a presença de larvas de mosquito na água do pântano, na água do tanque, na água da chuva e na água do rio. Tratou-se de uma manipulação deliberada (Kothari, 2004) destinada a medir o efeito das fontes de água sobre o comportamento de reprodução dos mosquitos, o que foi considerado importante para avaliar o impacto dos peixes sobre as larvas de mosquito quando certas variáveis são cuidadosamente controladas. O estudo foi efectuado logo que os tanques foram estabelecidos, mesmo antes da introdução dos peixes. As amostras de água foram recolhidas em recipientes de plástico de 750 ml, sendo que cada fonte de água tinha 10 recipientes para a recolha de amostras. Um total de 40 amostras foram então etiquetadas de acordo com a fonte de água e colocadas aleatoriamente à sombra no campo durante um período de 20 dias. Isto foi feito para permitir que os mosquitos voadores livres tivessem a mesma hipótese de colonizar e reproduzir-se nas águas da sua preferência.

Partiu-se do princípio de que as condições bióticas e abióticas (caraterísticas do solo, parâmetros de qualidade da água, cobertura vegetal e fauna) eram semelhantes nos arredores do pântano de Yala sem actividades humanas. Subsequentemente, as experiências de campo envolveram a utilização de três tanques de amostragem, que foram estabelecidos ao longo de um transecto na parte drenada do pântano para a recolha regular de larvas de mosquito. Dois outros locais identificados para a recolha regular de larvas de mosquito foram piscinas temporárias de água parada e um pântano natural caracterizado pela presença de hidrófitas predominantes, como *Cyperus papyrus* e *Phragmites mauritianus.* Cada um dos charcos media 300 cm de largura por 400 cm de comprimento e uma profundidade de 75 cm.

O primeiro tanque foi rotulado de 'controlo', o que significa que nada foi acrescentado ao tanque para além de disponibilizar água no seu interior. O segundo tanque foi rotulado de 'tratado' e o tratamento foi feito usando farinha de peixe mais estrume de vaca decomposto dissolvido. Aproximadamente 2 kg de estrume de vaca decomposto foram adicionados a 10 litros de água num recipiente de plástico e misturados cuidadosamente antes de extrair o filtrado para o tratamento do tanque.

O pressuposto aqui era que a poluição orgânica por resíduos metabólicos de outros peixes poderia impedir a reprodução de mosquitos no tanque de peixes. Eu adicionei 10 litros de filtrado no tanque tratado a cada quinze dias (Tabela 1).

Apenas um tanque foi povoado com peixes de densidade 6 peixes por metro cúbico de água do tanque. Durante o estudo, 54 pós-larvas de tilápia do Nilo *(Oreochromis niloticus)* foram introduzidas no tanque medindo $9m^3$. Assim, a amostragem das larvas de mosquito começou 24 horas depois de o peixe ter sido introduzido no tanque (5 de abril de 2006).

Quadro 1: Tratamento do tanque com estrume de vaca decomposto dissolvido contra as larvas de mosquito

Species targeted	**Season**	**Material used**	**Application rate-unit/9m³ of pond water**	**Duration (Days to re-treatment)**
An. gambiae	Wet	Dissolved decomposed cow dung	10 Litres	14 days
An. funestus				
Culicines		Fish meal	500g	
An. gambiae	Dry	Dissolved decomposed cow dung	10 Litres	14 days
An. funestus				
Culicines		Fish meal	500g/	

Fonte: Versão modificada de Karch et al., 1991.

O tratamento do tanque com estrume de vaca (fertilizante orgânico) foi informado pelos resultados do estudo de Garg e Bhatnagar (1999), que investigaram o efeito de cinco doses diferentes (5 000, 10 000, 15 000, 20 000, 24 000 $kgha^{-1}$ $year^{-1}$) de estrume de vaca na produtividade do tanque e biomassa de peixe em tanques de água parada. Uma terceira dose de 15000 $kgha^{-1}$ $year^{-1}$ produziu maior diversidade de espécies (zooplâncton e fitoplâncton) e biomassa de peixes. Também se observou que o oxigénio dissolvido permaneceu significativamente elevado a 4,7 mgl^{-1} , e o declínio dos parâmetros acima referidos ocorreu com o aumento das doses de tratamento (20000-24000 $kgha^{-1}$ ano^{-1}). Observou-se ainda que, à taxa de aplicação de 15000 $kgha^{-1}$ ano^{-1} , o efeito residual do estrume de vaca diminuiu após 60-75 dias, o que se enquadra no número de dias que cada estação durou durante o meu período de estudo. Com esta taxa de aplicação de estrume de vaca, um tanque de 12 m^2 requer 18 kg.

No entanto, este estudo só usou aproximadamente 10 kg de estrume de vaca para cada estação, não deixando dúvidas de que os parâmetros físico-químicos do tanque tratado estavam dentro da faixa normal.

3.4.2 Técnica de amostragem de larvas de mosquito

As larvas de mosquito foram amostradas em dias alternados, de 5 de abril a 21 de agosto de 2006, sempre que o tempo o permitiu. Foi utilizada uma concha de 400 ml e a imersão concentrou-se em torno de detritos flutuantes, vegetação aquática emergente e gramíneas, e em torno das margens da lagoa, tal como recomendado por O'Malley (1995). Durante a amostragem, foi utilizada a técnica do esquema superficial. Esta técnica consiste em submergir a extremidade da concha, com uma inclinação de cerca de 45 graus, cerca de 2,5 cm abaixo da superfície da água e em deslocar rápida mas suavemente a concha ao longo de uma linha reta em águas abertas, a fim de recolher eficazmente as larvas de mosquitos do *género Anopheles* (O'Malley, 1995). Isto é recomendado porque as larvas *de Anopheles* tendem a permanecer na superfície durante mais tempo do que as larvas de culicídeos. O conteúdo do recipiente foi vertido num tabuleiro de triagem branco e as larvas foram recolhidas com uma pipeta. As larvas recolhidas foram então contadas e registadas antes de o conteúdo do tabuleiro de triagem ser esvaziado em recipientes de plástico, cada um rotulado de acordo com a fonte de dados e o período de amostragem.

3.4.3 Identificação do mosquito

T os imaturos foram colocados em recipientes de plástico contendo água, de acordo com o local de amostragem, que foi depois transportada para o centro de saúde de Ratuoro, onde as larvas foram criadas até à fase adulta para identificação. Foram feitas localmente gaiolas para mosquitos com 30 cm de comprimento x 30 cm de largura x 30 cm de altura para a criação no interior, e os adultos que emergiram foram contados e registados. Durante a criação, usei partículas de biscoito para alimentar as larvas.

T s mosquitos adultos foram identificados morfologicamente com a ajuda de um microscópio de luz no laboratório do ICIPE em Mbita. As caraterísticas consideradas para a identificação foram as peças bucais (palpos), as asas (veias), os segmentos abdominais com tufos de escamas que se projectam lateralmente e as patas (número de bandas). A chave de Gillies e De Meillon (1968) foi utilizada para identificar os mosquitos adultos.

3.4.4 Parâmetros de qualidade da água

As amostras de água positivas e negativas para as larvas de mosquito foram primeiro determinadas por imersão, a que se seguiu uma avaliação dos parâmetros de qualidade da água. Em cada visita para a recolha de amostras de larvas de mosquito, foram marcados os locais de recolha e, mais tarde (18.00hrs), os mesmos locais foram visitados para a realização de testes de parâmetros físico-químicos. Três dos oito parâmetros inicialmente medidos (PO_4^- P, NH_4 - N, e NO_3^- N) revelaram-se demasiado dispendiosos e fastidiosos para medições regulares (Quadro 2), pelo que não foram testados posteriormente. Assim, a temperatura, o pH, a condutividade e o oxigénio dissolvido (DO) foram medidos utilizando o medidor multi-sondas M90. A turvação foi medida em unidades de turvação

Jackson (JTU), Renn CE (1970).

Tabela 2: Dados dos parâmetros de qualidade da água testados no laboratório LVEMP.

Parameters	Date Sampled	Control Pond	Treated Pond	Fish Pond	Swamp pool	Unit
Temp.	26.06.2006	26	26.3	26.4	26.7	°C
pH	26.06.2006	6.7	5.8	6.2	7.5	pH scale
COND	26.06.2006	108.1	219	75.6	235	µmhos/cm
Turbidity	26.06.2006	10.6	26.7	175	320	J.T.U
DO	26.06.2006	5.4	5.2	5.0	4.3	mg O_2/L
PO_4^-P	26.06.2006	0.089	0.09	0.29	0.08	mgP/L
NH_4- N	26.06.2006	0.06	0.063	0.091	0.095	mgN/L
NO_3^-N	26.06.2006	0.002	0.004	0.058	0.061	mgN/L

Foram observadas as caraterísticas físicas e biológicas grosseiras dos sítios e anotada a macrofauna presente, bem como os predadores imaturos dos mosquitos, tais como odonatos, sapos, libélulas, peixes e outros hemípteros carnívoros. A vegetação foi avaliada sob a forma de detritos (folhas mortas), ramos e folhas espalhados, raízes expostas, gramíneas marginais e ervas. O ambiente pantanoso era caracterizado por papiros *(Cyperus papyrus)* e juncos *(Phragmites mauritianus)*.

3.5 Análise dos dados

A análise estatística das diferenças entre a distribuição e a abundância das espécies de mosquitos entre os cinco tipos de habitat (lagoa de controlo, lagoa tratada, lagoa de peixes, pântano e charcos de água parada) foi efectuada através da análise de variância (ANOVA) utilizando o pacote SPSS versão 10.00.

A associação entre a presença de espécies vectoras e os parâmetros de qualidade da água dos habitats foi examinada por regressão logística simples. As relações entre a distribuição e a abundância dos mosquitos e as variáveis físico-químicas das águas de reprodução (habitats) foram examinadas por análise fatorial multivariada, a fim de superar os efeitos das intercorrelações entre as variáveis físico-químicas.

3.6 Limitações do estudo

O estudo de campo marcado pela recolha de dados começou em março de 2006, com a estação das chuvas, e terminou com o período de seca em agosto de 2006. Embora o estudo estivesse inicialmente planeado para começar na estação seca, as controvérsias entre a Dominion Farm e as comunidades locais sobre a utilização dos recursos do pântano atrasaram o processo.

Consequentemente, muitos recursos financeiros gastos em actividades diversas limitaram as actividades de investigação que poderiam ter apoiado diretamente os objectivos do estudo.

Durante o estudo, não foi possível testar os parâmetros de qualidade da água em reservatórios muito pequenos, pelo que foram em grande parte excluídos do estudo. Isto pode resultar na omissão de factores potencialmente importantes para as intervenções de controlo dos mosquitos. Além disso, as experiências de semi-campo com peixes não identificaram as larvas do mosquito *Anopheles* até ao nível da espécie. O objetivo desta montagem era avaliar se os peixes se alimentam efetivamente de larvas *de Anopheles*, independentemente da espécie. Esta decisão foi largamente influenciada pelo facto de que, no contexto de uma prática sustentável num programa de rotina de vigilância/abate de mosquitos, a participação da comunidade pode não exigir a identificação de todas as amostras de larvas de *Anopheles* ao nível da espécie sem tornar o procedimento laborioso e dispendioso.

CAPÍTULO QUATRO

RESULTADOS E INTERPRETAÇÃO

4.0 Introdução

Este capítulo apresenta os resultados da investigação obtidos em diferentes cenários. A apresentação dos dados efetivamente obtidos limita-se aqui à compreensão da origem dos dados.

4.1 Larvas de mosquito recolhidas durante o estudo

Um total de cinco (5) habitats de reprodução de mosquitos foram inspeccionados para detetar a presença de larvas de mosquitos. O tipo de habitat mais adequado para a presença de larvas de mosquito foi o dos charcos de água parada, com um total de 1068 larvas, seguido dos lagos (controlo, tratados e com peixes), com um total de 976 larvas. O solo do pântano teve o menor número de larvas de mosquito (06) durante todo o período de estudo. As densidades médias das larvas de mosquito foram mais elevadas nos habitats situados nas partes drenadas do pântano do que no solo não perturbado do pântano (Quadro 3).

Quadro 3: Distribuição e abundância de larvas de mosquito

Habitat type	No. of Samples	Minimum	Maximum	Mean	Std. Deviation	S. E
control pond	40	0.00	18.00	11.03	4.66	0.73
treated pond	40	0.00	8.00	3.35	2.33	0.73
fish pond	40	0.00	15.00	10.03	3.00	0.73
standing water pools	40	0.00	46.00	26.70	10.48	0.73
swamp ground	40	0.00	2.00	0.15	0.43	0.73

4.2 Composição das espécies de mosquitos no pântano de Yala durante o período de estudo

O estudo analisou estatisticamente o papel do tipo de habitat, com o peixe como um dos tratamentos, a estação do ano e os parâmetros de qualidade da água na distribuição e abundância dos vectores da malária no pântano de Yala. A distribuição e a abundância dos vectores da malária variaram consideravelmente entre os locais. Os charcos representaram 45,5% do total de espécies de mosquitos emergentes das larvas recolhidas nos cinco habitats ecológicos. Aproximadamente 54,3% do total de espécies de mosquitos recolhidas ocorreram nas poças de água parada temporárias, enquanto o pântano natural teve o menor número de mosquitos, representando apenas 0,2% dos adultos emergentes de 2009 das larvas recolhidas durante o estudo. Apenas na amostragem de campo, *o Anopheles gambiae* foi o mais dominante com 49%, com o *Anopheles funestus* e os Culicines a representarem 32% e 19%, respetivamente. Estes resultados sugerem que as partes perturbadas dos pântanos que estão atualmente sob actividades agrícolas proporcionam habitats de reprodução adequados para um dos vectores primários mais eficientes da malária. Como se pode ver na Figura 2. As espécies de *Anopheles* representaram 81% do total de larvas de mosquito colhidas durante o estudo.

Figura 2: Composição das espécies de mosquitos por percentagem nas experiências de campo.

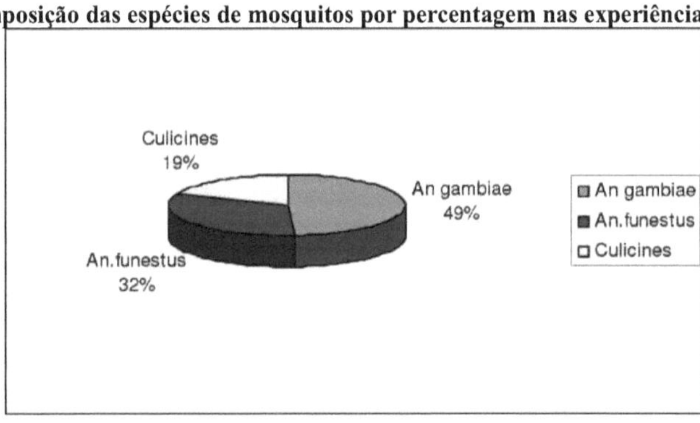

4.3 Distribuição e abundância de espécies de mosquitos por estação

A análise incorporou uma associação de covariância-variância entre as frequências proporcionais do total de imaturos de mosquitos entre os habitats de reprodução larvar em cada dia de amostragem e durante uma categoria de estação (estação húmida e estação seca).

O Quadro 4 mostra a distribuição e a abundância de larvas *de Anopheles* e de larvas de Culicina entre os seus locais de reprodução e ao longo das estações durante o período de estudo. Não se verificou uma diferença média significativa entre a densidade total de larvas de mosquito na estação seca e na estação húmida. No entanto, foi encontrada uma associação significativa entre a estação húmida e a estação seca na densidade populacional de uma espécie entre os habitats de reprodução que eram produtivos em termos de larvas de mosquito: *O Anopheles gambiae* teve uma associação significativa com as alterações sazonais encontradas nas poças de água parada (P< 0,01) e no tanque de peixes (P = 0,01), *o Anopheles funestus* no tanque de controlo (P< 0,01) e no tanque de peixes (P< 0,01), e a densidade populacional de Culicines variou significativamente no tanque de controlo (P< 0,01), no tanque tratado (P = 0,01) e no tanque de peixes (P = 0,01).

Quadro 4: Distribuição e abundância das espécies de mosquitos por estação do ano

Habitat type	No. of Samples	*Anopheles gambiae*			*Anopheles funestus*			*Culicines*		
		Wet season Mean(SE)	Dry season Mean(SE)	Sig.	Wet season Mean(SE)	Dry season Mean(SE)	Sig.	Wet season Mean(SE)	Dry season Mean(SE)	Sig.
Cont. pond	20	5.90(.37)	6.30(.45)	0.50	1.25(.22)	3.95(.32)	0.00	3.15(.27)	1.9(.27)	0.00
Treat. Pond	20	0.00 (.00)	0.00(.00)	1.00	0.15(.08)	0.35(.13)	0.20	3.30(.36)	2.0(.26)	0.01
Fish pond	20	4.80(.47)	3.4(.27)	0.01	2.95(.29)	4.6(.32)	0.00	0.45(.19)	1.25(.22)	0.01
SW. pools	20	16.35(.86)	12.3(.39)	0.00	8.35(.62)	10.6(.34)	0.03	3.60(.43)	3.3(.55)	0.62
Swamp	20	0.00(.00)	0.30(.30)	0.32	0.00(.00)	0.10(.07)	0.15	0.00(.00)	0.15(.08)	0.08

Durante o período de estudo, os locais de reprodução eram abundantes e vários factores contribuíram para isso. Os charcos tornaram-se fontes permanentes de reprodução de mosquitos, o que influenciou a distribuição e a abundância de dois conhecidos vectores da malária da África Oriental, *Anopheles gambiae* e *Anopheles funestus.* Curiosamente, mesmo os charcos de água naturalmente parada, que de outra forma seriam temporários, ou melhor, limitados à estação das chuvas, continuaram a ser importantes locais de reprodução na maior parte da estação seca. Isto explica o número relativamente elevado de larvas recolhidas em charcos de água parada na estação seca, e as actividades de irrigação contínua da Dominion Farms ajudaram a manter os locais de reprodução de mosquitos fora dos charcos estabelecidos, uma vez que foram disponibilizadas fontes de água no campo durante todo o período de estudo.

4.4 Associação entre as variáveis observadas durante o período de estudo

A análise de correlação de Pearson mostrou que a ocorrência de espécies de mosquitos estava significativamente correlacionada com os tipos de habitat (Quadro 5). A produtividade dos habitats das larvas dos vectores da malária, estimada a partir do número de adultos que emergem após a criação das larvas nos respectivos habitats, pode ser considerada como o principal fator determinante da densidade do vetor em níveis significativos. Para avaliar isto, foram feitas três experiências que envolveram uma amostragem regular durante vários meses em cinco tipos de habitats no pântano de Yala, no Quénia Ocidental.

Tabela 5: Associação entre variáveis observadas durante o período do estudo

Variables		Season	Mosquito species	Control pond	Treated pond	Fish pond	Standing water pool
Mosquito species	Pearson correlation	0.000					
	Sig.	1.000					
Control pond	Pearson correlation	-0.131	-0.620				
	Sig.	0.154	0.00				
Treated pond	Pearson correlation	0.122	0.719	-0.280			
	Sig.	0.185	0.001	0.002			
Fish pond	Pearson correlation	-0.084	-0.635	0.390	-0.568		
	Sig.	0.363	0.001	0.000	0.000		
Standing water pool	Pearson correlation	0.065	-0.825	0.529	-0.615	0.577	
	Sig.	0.481	0.001	0.000	0.000	0.000	
Swamp	Pearson correlation	-0.159	-0.053	-0.019	-0.054	-0.028	0.014
	Sig.	0.083	0.565	0.834	0.558	0.765	0.883

Exceto para as larvas de Culicine, o tanque tratado foi negativo para a produção de larvas *de Anopheles* durante todo o período de estudo.

É possível que os mosquitos *Anopheles* grávidos não tenham escolhido a água poluída da lagoa de preferência para a oviposição, porque a presença de larvas de anopheline não foi registada na lagoa tratada durante todo o exercício de amostragem. Foi interessante notar que as piscinas naturais no solo pantanoso intacto não foram preferidas pelos mosquitos para a sua reprodução, uma vez que não se registou uma abundância significativa de mosquitos para as espécies culicines e *Anopheles* (P>0,05).

4.4 Associação entre a distribuição e a abundância de espécies de Anopheles por tipo de habitat

A produção de vectores da malária ocorreu a partir de um subconjunto de habitats (tanque de controlo, tanque de peixes e piscinas de água parada) na AHAA, onde os mosquitos imaturos ocuparam os habitats continuamente, tanto na estação húmida como na seca. A estabilidade ou permanência do habitat foi positivamente associada à abundância e distribuição de *Anopheles funestus* (Figura 3.). O pequeno número de larvas de mosquito recolhidas nas poças no interior dos pântanos sugere que os pântanos não perturbados não são geralmente adequados para a reprodução de mosquitos. Enquanto na estação húmida a presença de larvas de mosquito se limitou exclusivamente aos habitats dentro da AHAA, foi na estação seca que a distribuição de imaturos ocorreu em subconjuntos de habitats.

Por exemplo, foi na estação seca que as larvas de mosquito se distribuíram entre os habitats nas áreas de AHAA e AIPV, com algumas larvas de *Anopheles funestus* ocorrendo de forma insignificante no pântano.

No entanto, a sua densidade não foi estatisticamente significativa. Consequentemente, a densidade global de mosquitos por tipo de habitat foi significativa ao longo das estações.

Figura 3: Distribuição e abundância de espécies de mosquitos nos locais de reprodução

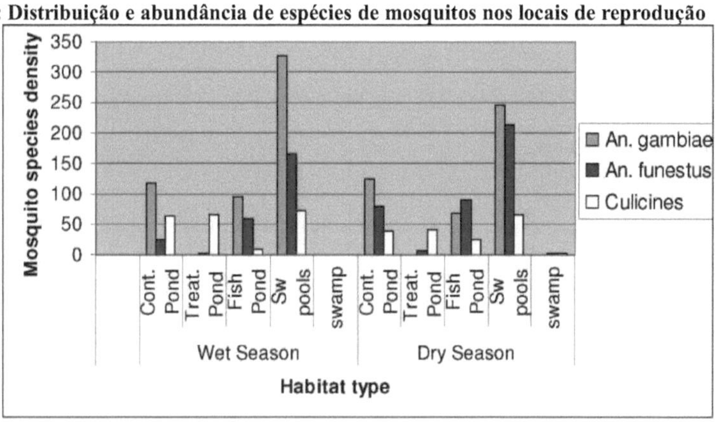

Os charcos de água parada tinham uma proporção mais elevada de larvas de mosquito recolhidas durante o estudo do que o total de imaturos recolhidos nos três charcos. Tratava-se geralmente de charcos limpos e pouco profundos que permaneciam relativamente expostos à luz solar. Da observação geral que fiz durante o estudo, havia mais cobertura vegetal na estação húmida do que na estação seca, o que pode ajudar a explicar as diferenças médias significativas detectadas entre as espécies de mosquitos que se reproduzem em charcos de água parada ao longo das estações.

Quando o efeito do tratamento do habitat larvar foi considerado na análise, verificou-se que o tipo de tratamento estava associado à distribuição e abundância relativas de *An. gambiae, An. funestus* e Culicines. Além disso, as experiências de semi-campo confirmaram uma heterogeneidade significativa do habitat na abundância relativa de mosquitos *An. gambiae, An. funestus* e Culicines (Quadro 6).

As larvas de mosquitos, especialmente as de origem *Anopheles*, também selecionaram a água limpa de preferência à água poluída em experiências de semi-campo. Em ambas as experiências, de campo e semi-campo, *Anopheles gambiae* foi a espécie predominante (57,4%), e *Anopheles funestus* foi menos comum (25,8%) entre os locais de amostragem durante todo o período de estudo, e os Culicines representaram 16,8% de todas as larvas de mosquito amostradas. A análise logística múltipla detectou uma associação significativa entre a ocorrência de larvas de Anopheline e a heterogeneidade do habitat, e as experiências de semi-campo ajudaram a confirmar as fontes de água mais preferidas para a reprodução das espécies de *Anopheles*.

Quadro 6: Comparações da diferença média das espécies de mosquitos por fonte de água.

Water sources		**Mean difference of mosquito species abundance**					
		Anopheles gambiae		*Anopheles funestus*		Culicines	
		Mean(SE)	Sig.	Mean(SE)	Sig.	Mean(SE)	Sig.
(I) water	(J) water						
Rain	River	8.87(.51)	0.00	1.33(.36)	0.00	0.53(.27)	0.05
	Swamp	15.60(.51)	0.00	3.10(.36)	0.00	1.80(.27)	0.00
	Pond	6.97(.51)	0.00	0.93(.36)	0.01	-6.67(.27)	0.80
River	Swamp	6.73(.51)	0.00	1.77(.36)	0.00	1.27(.27)	0.00
	Pond	-1.90(.51)	0.00	-0.40(.36)	0.27	-0.60(.27)	0.03
Swamp	Pond	-8.63(.51)	0.00	-2.17(.36)	0.00	-1.87(.27)	0.00

Os testes Post Hoc para comparações múltiplas na experiência de semi-campo revelaram que não houve diferença média significativa entre as larvas de *Anopheles funestus* e as larvas de Culicine (P=0,14). As recolhas temporárias de água podem ter prejudicado a produtividade de *Anopheles funestus* na instalação experimental de semi-campo. A Tabela 7 resume a diferença média de espécies de vectores da malária por tipo de água em experiências de semi-campo. As experiências de semi-campo destinavam-se a investigar a escolha da fonte de água por diferentes espécies de mosquitos para preferência de oviposição.

Quadro 7: Comparações múltiplas da diferença média das espécies de mosquitos na experiência de semi-campo.

Multiple Comparisons

Dependent Variable: DESNSI2
LSD

(I) SPECIES2	(J) SPECIES2	Mean Difference (I-J)	Std. Error	Sig.	95% Confidence Interval	
					Lower Bound	Upper Bound
1.00	2.00	5.9833*	.1956	.000	5.5986	6.3680
	3.00	6.2750*	.1956	.000	5.8903	6.6597
2.00	1.00	-5.9833*	.1956	.000	-6.3680	-5.5986
	3.00	.2917	.1956	.137	-9.3027E-02	.6764
3.00	1.00	-6.2750*	.1956	.000	-6.6597	-5.8903
	2.00	-.2917	.1956	.137	-.6764	9.303E-02

Based on observed means.
*- A diferença média é significativa ao nível de 0,05.

ESPÉCIES: 1.00 *Anopheles gambiae,* **2.00** *Anopheles funestus,* e **3.00** Culicines.

4.6 Produtividade das espécies de mosquitos no pântano de Yala

Uma vez que o estudo se centrou nas espécies de *Anopheles*, os vectores do parasita da malária, apenas são apresentados os parâmetros (variáveis) significativos para os mosquitos Culicine. A população de mosquitos foi significativamente abundante para as culicíneas, *Anopheles gambiae* e *Anopheles funestus* ($P < 0,01$). Observou-se durante o estudo que os grandes esgotos ou poças de água continham muito menos larvas de espécies de *Anopheles* do que outros habitats relativamente mais pequenos. Os locais de reprodução com uma dimensão de 1 M^2 , ou inferior, continham mais larvas de espécies de *Anopheles*, que eram frequentemente observadas a flutuar na superfície da água.

No âmbito do objetivo 4 do estudo, foram identificados e registados os locais de produtividade das larvas de mosquito. Se fosse possível observar espécies de *Anopheles* sem mergulhar ou se quase todos os mergulhos contivessem larvas de Anopheline sp. Larvas, o habitat foi definido como (produtivo) tendo uma elevada densidade de espécies de *Anopheles*. Os sítios em que dez mergulhos produziram consistentemente menos de três larvas de mosquito foram definidos como (não produtivos), com baixa densidade de espécies de *Anopheles*. Alguns charcos de água parada estavam secos na altura das visitas alternadas e, dos cinco tipos de habitat, três eram produtivos para *Anopheles gambiae, Anopheles funestus* e, surpreendentemente, quatro locais eram produtivos para mosquitos Culicine.

A Figura 4-6 mostra o padrão periódico da produtividade dos mosquitos nos charcos em termos da densidade média da população de mosquitos durante o período de estudo. A abundância e a distribuição dos mosquitos variaram notavelmente de acordo com o tipo de tanque durante todo o período de estudo. Os habitats de reprodução das fêmeas de *Anopheles* foram amplamente dispersos durante as longas chuvas na AHAA, que se caracterizou pela presença de culturas agrícolas, ervas daninhas e solo nu. Isto resultou num menor número de mosquitos a reproduzir-se nos charcos durante a estação das chuvas. No entanto, devido à distribuição menos concentrada de habitats aquáticos larvares na estação seca, observou-se uma maior abundância de mosquitos no tanque de controlo na estação seca. A tendência no tanque de controlo revela um aumento da abundância de mosquitos desde o mês de abril até agosto, quando o estudo terminou (Fig. 4)

Figura 4: Tendência da densidade média de mosquitos no tanque de controlo

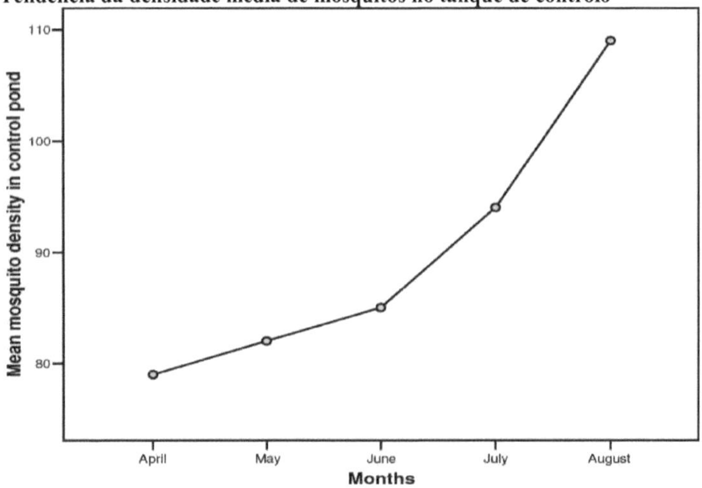

Três factores influenciaram a tendência observada no tanque de peixes durante o período de estudo. O fator sazonal desempenhou um papel significativo na criação de mosquitos no tanque ($P < 0,01$), uma vez que os habitats aquáticos se tornaram menos distribuídos fora dos tanques, em parte devido à irrigação.

Os tanques apresentavam habitats permanentes preferidos por *Anopheles funestus* para a sua oviposição. Mas o fator nutrientes fez com que o tanque de controlo fosse menos preferido pelo *Anopheles funestus*, tornando o tanque com peixes um habitat adequado para esta espécie. O teste de qualidade da água para PO_4^- P, NO_3^- N, e NH_4 - N no laboratório do LVEMP em 26 de junho de 2006 descreveu a água do tanque de controlo como bastante clara e quase neutra com baixo conteúdo de nutrientes; enquanto que o tanque dos peixes foi considerado bastante rico em nutrientes com uma acidez bastante baixa. Os dois factores foram responsáveis por uma maior reprodução de *Anopheles funestus* no tanque dos peixes em comparação com o tanque de controlo (Figura 3). Contudo, a tendência descrita pode ser explicada de forma diferente pelo terceiro fator, que pode ser descrito como o período de adaptação dos peixes.

Notámos um aumento da abundância de mosquitos no início da estação das chuvas e no início da estação seca. Isto significa que os pós-larvas de tilápia não preferem as larvas de mosquito como seu alimento imediato, mas alimentam-se delas apenas após um período de fome, e simplesmente como fonte suplementar de alimento.

Figura 5: A tendência da densidade média de mosquitos no tanque com peixes

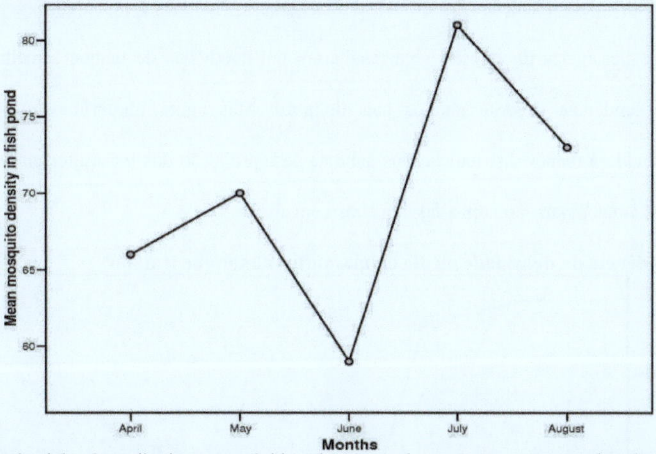

O tanque tratado tinha água ligeiramente ácida e bastante clara com um teor moderado de nutrientes. Presume-se que estas condições tenham persistido durante todo o estudo e tenham tido o potencial de influenciar a distribuição e a abundância de mosquitos no tanque. A densidade populacional das larvas de mosquito amostradas no tanque tratado foi máxima no mês de abril, quando a dosagem do tratamento ainda era demasiado baixa.

medida que a concentração aumenta devido ao tratamento regular com estrume de vaca (Quadro 1), a população de mosquitos que se reproduzem no tanque tratado diminui gradualmente, uma vez que as fortes chuvas entre abril e maio resultaram obviamente na diluição do tanque. O tratamento contínuo com estrume de vaca aumentou a concentração no tanque tratado, resultando numa queda acentuada da densidade populacional de mosquitos, como se pode ver entre o mês de maio e junho (Figura 6). É interessante notar um aumento constante da densidade média da população de mosquitos de junho a agosto.

Três factores influenciaram esta última tendência. Primeiro, o efeito do estrume de vaca diminui após 60 dias de tratamento devido à sedimentação e decomposição. Isto resulta numa água relativamente menos poluída, atraindo assim a oviposição de culicídeos fêmeas grávidas. Em segundo lugar, o início do período de seca resultou numa redução dos habitats de reprodução fora dos charcos, em parte em relação aos criados pela irrigação. Por último, a drenagem dos tanques e o seu enchimento com água doce para as experiências da estação seca resultaram em condições de tanque semelhantes às que produziram a tendência descrita para o mês de abril. Mas agora observámos um crescimento exponencial devido à menor distribuição dos habitats de reprodução dos mosquitos entre os meses de junho e agosto, em comparação com a fase de atraso em abril.

Figura 6: Tendência da densidade média de mosquitos no tanque tratado

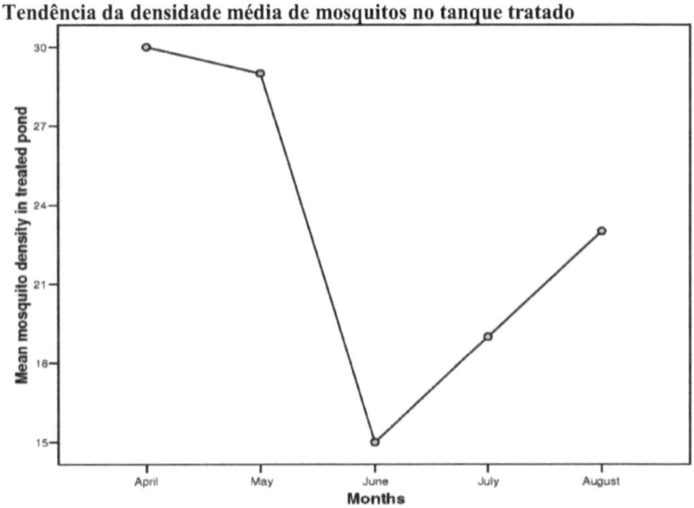

4.7 A relação entre os parâmetros de qualidade da água e a distribuição dos vectores da malária

Os parâmetros de qualidade da água que afectam a distribuição e a abundância de *Anopheles* são apresentados na Tabela 8. Os resultados da análise logística multivariada que controla os parâmetros de qualidade da água observados indicaram que a temperatura não teve uma influência significativa na distribuição e abundância dos vectores da malária (r=-0,04, P>0,05). A condutividade foi fraca mas significativamente associada de forma negativa à distribuição dos vectores da malária em todos os habitats positivos para mosquitos (r= - 0,112, P= 0,01).

A análise de correlação de Pearson (duas caudas) dos parâmetros testados e a abundância de larvas de mosquito revelou que a densidade de larvas de mosquito foi moderada mas significativamente associada negativamente com PH (r= - 0.48, P < 0.01) e Turbidez (r= - 0.57, P < 0.01). Apenas o Oxigénio Dissolvido (DO) foi significativamente associado positivamente com a densidade de larvas de mosquito (r= 0,37, P < 0,01) no pântano de Yala durante o período de estudo. Os habitats com água pouco turva e especialmente os co-habitados por larvas de origem Culicina apresentaram densidades de *Anopheles* mais elevadas do que os outros habitats com água comparativamente mais turva.

Embora a coexistência de larvas de *Anopheles* e larvas de Culicine tenha mostrado uma associação positiva, a análise de correlação de Pearson mostrou uma associação fraca mas significativamente negativa entre as espécies e a densidade de mosquitos (r = -0,189, p < 0,01).

Tabela 8: Associação da densidade de mosquitos com os parâmetros de qualidade da água

Variables		Mosquito density	Temp.	PH	DO	Turbidity
Mosquito species	Pearson correlation	-0.19				
	Sig.	0.00				
Temp.	Pearson correlation	-0.04				
	Sig.	0.36				
PH	Pearson correlation	-0.48	-0.04			
	Sig.	0.00	0.38			
D.O	Pearson correlation	0.37	-0.47	-0.70		
	Sig.	0.00	0.00	0.00		
Turbidity	Pearson correlation	-0.57	0.18	0.85	-0.73	
	Sig.	0.00	0.00	0.00	0.00	
Conductivity	Pearson correlation	-0.11	0.17	0.56	-0.64	0.20
	Sig.	0.01	0.00	0.00	0.00	0.00

4.8 Efeitos da tilápia do Nilo *(Oreochromis niloticus)* na densidade de larvas de mosquito no tanque

Durante o estudo, peixes pós-dedos foram vistos perseguindo e se alimentando das larvas de mosquito, mas a redução da população de mosquitos não foi estatisticamente significativa no tanque de peixes (Tabela 9). . Naturalmente, as tilápias maiores (acima de 15 cm) preferem materiais vegetais como alimento, o que faz com que a alimentação com um material não vegetal seja uma segunda opção no período de fome. Esta última observação é evidenciada pelos resultados de experiências controladas (Quadro 10), que indicam que os peixes reduziram a população de larvas de mosquito em 58 por cento quando não foi fornecido qualquer suplemento alimentar, em condições não naturais, em recipientes de plástico cheios de água do tanque.

Tabela 9: Diferença média das densidades de mosquitos por tipo de tanque durante o período de estudo

Dependent Variable	(I) Pond type	(J) Pond type	Mean Difference (I-J)	Std. Error	Sig.
Mosquito density	Control pond	Fish pond	6.33333	4.93513	.206
		Treated pond	22.00000(*)	4.93513	.000
	Fish pond	Treated pond	15.66667(*)	4.93513	.003

Outras experiências, controlando outros factores desconhecidos, revelaram que os peixes podem comer larvas de mosquito em quantidade suficiente para fazer uma diferença notável. Três conjuntos de experiências com peixes num dos conjuntos produziram resultados interessantes. Os factores assumidos incluíam a poluição da água por resíduos metabólicos dos peixes, nutrientes limitados e predação por peixes.

O total de larvas recolhidas de várias instalações após a duração da experiência mostrou que o maior número de larvas de mosquito permaneceu na instalação (a) que não continha peixes predadores, mas tinha farinha de peixe adicionada. Esta observação em primeira mão deu a impressão de que a poluição não é um fator crítico na supressão da população de larvas de mosquito no tanque de peixes. Pelo contrário, a insuficiência de fontes de alimento e a presença de predadores representam um desafio para a sobrevivência das larvas de mosquito no tanque de peixes. Os resultados das montagens (b) e (c) confirmaram este último ponto de vista. Na montagem (c), por exemplo, ambos os factores, nutrientes limitados e predação, estavam em jogo e foram responsáveis pela redução de 58,7% das larvas de mosquito.

Posteriormente, os resultados da montagem (a) são responsáveis por factores desconhecidos. E 58,7% menos pela soma da percentagem de redução em ambos os cenários (a) e (b) deu-nos o impacto do peixe em 44,1% sob uma experiência mais controlada.

No entanto, em condições naturais, presume-se que existem outras fontes de alimento para os peixes, para além da farinha de peixe artificial que o investigador forneceu à razão de 200g de dois em dois dias, diminuindo assim a sua escolha de larvas de mosquito. Além disso, o crescimento da vegetação à volta das margens do tanque durante a estação das chuvas poderia fornecer refúgio para os imaturos, impedindo os peixes de se alimentarem das larvas de mosquito. Subsequentemente, pode-se argumentar que múltiplos factores interagiram para determinar a abundância de espécies de mosquitos em cada ponto; por conseguinte, a predação no tanque de peixes não é provavelmente um fator crítico de regulação biótica, especialmente na estação das chuvas, quando a densidade populacional de *Anopheles gambiae* era comparativamente mais elevada do que na estação seca, como se pode observar nas diferenças médias das espécies de mosquitos por estação no Quadro 4.

Os charcos continham água durante todo o período de estudo, o que os tornava mais parecidos com habitats permanentes em comparação com pequenas poças de água fora dos charcos. Consequentemente, a água relativamente límpida e permanente nos charcos, que estavam expostos à luz solar na estação seca, proporcionou um habitat adequado para a reprodução do *Anopheles funestus* na estação seca. Este facto é evidenciado pelo aumento súbito da densidade populacional de *An. funestus* na estação seca.

Tabela 10: Predação por peixes *(Oreochromis niloticus)* na experiência controlada

Treatments	No. of	Fish	Fish waste	Fish food	Larvae introduced	Larvae collected	Period
Fish pond water (a)	30	-	+	+	750	721	7-days
Fish pond water (b)	30	-	+	-	750	670	7-days
Control pond water (c)	30	+	+	-	750	310	7-days
Total	90	+	-	-	2250	1810	-

Fonte: Versão modificada de Gupta et al., 1992.

Em resumo, estes dados apoiam a opinião de que qualquer redução de fontes contra habitats considerados produtivos seria uma componente útil de um programa de gestão integrada para ambas as espécies de *Anopheles gambiae* e *Anopheles funestus.* Uma vez que as diferentes intervenções de controlo dos vectores da malária envolvem essencialmente uma avaliação económica, a utilização de peixes indígenas para o controlo biológico das larvas de mosquitos representa uma oportunidade que precisa de ser aperfeiçoada e melhorada através do desenvolvimento de capacidades locais.

CAPÍTULO CINCO

DISCUSSÃO, CONCLUSÃO E RECOMENDAÇÃO

5.0 Introdução

Este capítulo apresenta uma discussão, incorporando a crítica dos dados obtidos no estudo. Considera as conclusões retiradas dos dados, os pontos de vista de outros investigadores no domínio relacionado de várias fontes dentro e fora da África Subsariana. Além disso, considera a forma como os resultados correspondem aos objectivos e por que razão considero que são os corretos. Posteriormente, este capítulo analisa a interpretação dos factos que foram gerados durante o período de estudo e também destaca os pontos fortes e fracos das conclusões.

5.1 Associação entre a abundância de espécies de mosquitos e as estações do ano no pântano de Yala

Este estudo explorou a distribuição e a abundância de mosquitos *Anopheles* no pântano de Yala, considerados importantes vectores de *Plasmodium falciparum* na África Oriental. As observações feitas durante o estudo de campo sobre a distribuição das espécies de mosquitos e a influência sazonal indicaram que as espécies de mosquitos de origem anófeles eram mais abundantes (84%), com as culicíneas a constituírem apenas 16% dos adultos emergidos das amostras imaturas recolhidas durante o período de estudo. Com base nas conclusões de investigadores anteriores (Walsh, *et al.,* 1993; Minakawa *et al.,* 2005; Munga *et al.,* 2006), esperava-se que a alteração da cobertura do solo e os sistemas de irrigação proporcionassem locais de reprodução ideais para os mosquitos *Anopheles*.

Contrariamente ao que outros investigadores pensavam que a seletividade dos mosquitos para os locais de oviposição pode ser muito reduzida durante os períodos secos devido à disponibilidade limitada de habitats aquáticos (Gillies, *et al.,* 1968), as mudanças sazonais não afectaram as densidades da população de mosquitos no pântano de Yala durante o período de estudo. Em vez disso, os resultados deste estudo sugerem que, no pântano de Yala, é provável que aquilo que, de outra forma, seria uma reprodução sazonal de vectores da malária se transforme numa proliferação durante todo o ano, devido à disponibilidade contínua de água de superfície.

Enquanto alguns charcos reais podem secar, outros pequenos locais produtivos podem aparecer como resultado de sistemas de irrigação e má gestão da água que criaram charcos regulares em valas agrícolas. Este último ponto de vista é implicitamente apoiado por Charlwood, *et al.* (2000) que observaram que *Anopheles gambiae, Anopheles arabiensis* e *Anopheles funestus* sobreviviam durante a estação seca em habitats discretos. Esta constatação levou a África do Sul a adotar uma estratégia de controlo das larvas na estação seca.

5.2 Associação entre a densidade de espécies de mosquitos e o tipo de habitat

Os factores investigados no pântano de Yala apresentaram determinantes contextuais da distribuição e abundância das espécies de mosquitos. A maior parte dos habitats de reprodução dos mosquitos vectores no pântano de Yala são artificiais, o que significa que as actividades humanas, como a drenagem do pântano, a rede de irrigação, a construção de estradas e a aquacultura, criaram habitats adequados para os vectores da malária.

Os pântanos que representariam os habitats naturais de reprodução não foram produtivos em termos de larvas de mosquito durante todo o período de estudo. Pelo contrário, todos os habitats de reprodução de mosquitos criados pelo homem, exceto o tanque tratado, foram produtivos durante o estudo. A baixa presença de larvas de mosquito em terrenos pantanosos não perturbados durante o estudo está de acordo com as conclusões de Mouchet, *et al.* (1998) e Lindblade, *et al.* (2000), que argumentaram que o papiro encontrado em pântanos naturais segrega óleo e proporciona sombra que impede a reprodução de *Anopheles gambiae.*

Durante o período de estudo, as larvas de espécies de *Anopheles* eram mais abundantes em pequenos locais de reprodução com uma área de superfície de água inferior a 1 metro quadrado do que em charcos comparativamente maiores. Este facto é evidenciado pelo grande número de larvas colhidas nos charcos de água parada, em comparação com as colhidas nos charcos e habitats pantanosos. Embora esta constatação não seja consistente com a descrição geral dos locais de reprodução de *Anopheles funestus (*Gillies e De Meillon, 1968; Service, *2000),* está de acordo com a constatação de Yamagata (1996), cujo estudo em Dar es Salaam revelou que os grandes esgotos tinham provavelmente baixas densidades de *Anopheles sp.* Além disso, Sunahara, *et al.* (2002) observaram que, para além de inibir a preferência de oviposição dos mosquitos, os habitats grandes tendem a permanecer no local durante tempo suficiente para que os predadores se estabeleçam. Embora este último ponto de vista explique em parte a densidade populacional bastante baixa de larvas de *Anopheles* nos charcos, pode não explicar a ausência de larvas no pântano natural, onde mesmo pequenas poças de água não registaram larvas de mosquito.

As observações de campo e semi-campo sugerem que pode ser desenvolvido um tratamento viável de charcos de água com estrume de vaca decomposto dissolvido para o controlo do vetor da malária. Entre os três charcos criados durante o estudo, só o charco tratado com estrume de vaca decomposto dissolvido é que não tinha larvas de espécies de Anopheles. Estes resultados correspondem à preferência conhecida das espécies de *Anopheles* por água limpa. Por exemplo, no Gana, Chinery (1984) observou que os charcos organicamente poluídos não eram preferidos pelas espécies de *Anopheles* para reprodução. No entanto, para além dos habitats produtivos de larvas de mosquito, foram recolhidas culicíneas em pequenos números tanto na lagoa tratada como no pântano durante o período de estudo. Isto sugere que os culicídeos podem reproduzir-se em quase todos os tipos de acumulação de água.

5.3 Associação entre os Parâmetros de Qualidade da Água e a Distribuição dos Vectores da Malária

Ao analisar a literatura em geral de diferentes regiões onde a malária é endémica, parece que as espécies de *Anopheles* exploram tipos de habitat específicos, com caraterísticas biológicas, químicas e físicas muito diferentes. No estudo do pântano de Yala, a tendência parece ser a mesma, uma vez que a abundância foi maior nos habitats em que as condições eram óptimas para o crescimento das larvas. No entanto, não há informações sobre as diferentes gamas de qualidade da água para *Anopheles gambiae* e *Anopheles funestus* noutras áreas das suas ocorrências geográficas. Assim, a partir dos resultados, o investigador assumiu que as piscinas de água parada, o tanque de controlo e o tanque de peixes apresentavam os habitats mais adequados para a reprodução de mosquitos no pântano de Yala.

O alcance e a abundância relativa das espécies de *Anopheles* e das larvas de culicíneas parecem ser influenciados de forma diferente por parâmetros ecológicos. Embora o efeito da qualidade da água e dos factores externos tanto nos vectores como nos parasitas da malária sejam factos estabelecidos, alguns estudos anteriores sobre a ecologia da transmissão da malária produziram resultados diferentes quanto aos factores ecológicos mais responsáveis pela distribuição e abundância das espécies de *Anopheles* e dos parasitas da malária. Durante o estudo, a temperatura não teve influência significativa na distribuição e abundância das espécies de mosquitos encontradas no pântano de Yala.

No entanto, ao contrário de outros parâmetros de qualidade da água, o efeito da temperatura no desenvolvimento das larvas de mosquito tem sido aplaudido em muitos estudos que investigam as ligações entre a qualidade da água e a distribuição e abundância das espécies de mosquito (Lindsay, *et al.*, 1998). No pântano de Yala, a temperatura média foi de 26 graus centígrados durante o período de estudo. McMicheal, *et al.* (1996) descobriram que a temperatura óptima para o desenvolvimento dos mosquitos se situa entre 25 e 27 graus centígrados, e que a amplitude máxima de temperatura, tanto para os vectores como para os parasitas da malária, é de 40 graus centígrados. Assim, pode argumentar-se que, uma vez que a amplitude térmica média, tanto na estação húmida como na seca, se aproximava do limite de tolerância fisiológica do vetor da malária, as ligeiras diferenças de temperatura entre os tipos de habitat não produziram, portanto, qualquer associação estatisticamente significativa com a densidade da população de mosquitos no pântano de Yala.

Existem vários estudos publicados que relacionam os parâmetros de qualidade da água com a abundância de mosquitos: Na Índia, Pal (1982), Robert, *et al* (1993) no Senegal, Gimnig, *et al* (2001) no oeste do Quénia e Chinery (1994) em Acra, no Gana.

Tudo isto revela a importância dos parâmetros de qualidade da água para a reprodução das espécies de *Anopheles*. O oxigénio dissolvido das medições da qualidade da água mostrou uma correlação positiva e significativa com a distribuição e a abundância de mosquitos vectores da malária no pântano de Yala. Além disso, o valor do oxigénio dissolvido do tanque tratado nunca foi inferior a 5,0 mg/l durante todo o período de estudo; por conseguinte, era bom para a biodiversidade da fauna e flora aquáticas. De acordo com a APHA (1976), a concentração de oxigénio dissolvido acima de 5,0 mg/l é adequada para o suporte de biota diversa.

O estudo concluiu que, em zonas de reprodução com turbidez relativamente elevada, as larvas de culicídeos estavam presentes, ao passo que as larvas de *Anopheles* tinham muito mais probabilidades de estar ausentes. A preferência das larvas de *Anopheles* por águas menos turvas é coerente com os seus locais de reprodução conhecidos, uma vez que geralmente se reproduzem com sucesso em ambientes de águas bastante límpidas. Bates (1949) apoia esta constatação, mas Gimnig, *et al.* (2001) encontraram um aumento de larvas de *Anopheles gambiae* com o aumento da turbidez. É importante notar que a associação negativa encontrada entre as larvas de *Anopheles* e a turbidez confirma observações anteriores feitas no oeste do Quénia (Gimnig, *et al.*, 2001) e no Senegal (Robert, *et al.*, 1993).

5.4 A Tilápia do Nilo *(Oreochromis niloticus)* como Predador de Larvas de Mosquito

Este estudo baseou-se na utilização do peixe larvófago *Oreochromis niloticus,* anteriormente conhecido como *Tilapia nilotica* (*Perciformes: Cichlidae*). Este peixe é geralmente preferido pela população da região como a sua principal fonte de proteína animal e proporciona rendimentos a várias famílias ao longo das margens do Lago Vitória.

O peixe está atualmente a ser cultivado pela Dominion farms limited no local, mas nunca tinha sido experimentado no terreno para o controlo da malária no Quénia. Durante o estudo, o peixe pós-dedo foi visto a perseguir e a alimentar-se das larvas de mosquito, mas a redução da população de mosquitos não foi estatisticamente significativa no tanque de peixes. Naturalmente a tilápia maior (acima de 15 cm) prefere macrófitas como alimento (El Safi, *et al.*, 1985), ao contrário dos alevins de *Oreochromis niloticus* que foram observados a perseguir ativamente e a comer larvas de mosquito (Trewavas, 1983). É possível que a adição de tilápias maduras e imaturas (alevins) no tanque possa produzir resultados desejáveis, com os peixes adultos alimentando-se de materiais vegetais que fornecem refúgio para as larvas de mosquito, permitindo assim que os alevins as encontrem e se alimentem delas.

De acordo com Wang Jianguo (1984), as experiências com tilápia do Nilo mostraram grandes diferenças na ingestão de alimentos em duas condições: o número de larvas de mosquito consumidas pela tilápia do Nilo em condições naturais de campo era apenas 32% do número consumido em experiências controladas em recintos fechados. Estes resultados reflectiram-se no estudo do pântano de Yala, em que as experiências de campo e as experiências pós-campo com *Oreochromis niloticus* tiveram impactos variados nas larvas de mosquito.

Embora os peixes nativos, como a tilápia do Nilo, não erradiquem totalmente as larvas de mosquito nos lagos, ou em qualquer outro corpo de água natural, são muito mais aceitáveis do ponto de vista ambiental, uma vez que estão disponíveis localmente e são acessíveis. Além disso, vários estudos mostraram que os agentes biológicos que suprimem a população de larvas em experiências laboratoriais muitas vezes não funcionam bem em condições de campo.

A nível mundial, a utilização de peixes tem sido considerada uma componente adequada da estratégia de controlo da malária, especialmente quando os locais de reprodução dos mosquitos são conhecidos e em número limitado. A utilização de peixes larvívoros tem sido praticada há muitas décadas. Antes dos anos 70, o peixe predador mais utilizado para comer larvas de mosquito era o *Gambusia affinis* (peixe mosquito), uma espécie de água doce nativa do sudeste dos Estados Unidos da América. Desde então, a utilização do peixe mosquito *(Gambusia affinis)* tem sido desencorajada porque outros estudos mostraram que era responsável pela eliminação de peixes nativos de certos habitats (Rupp, 1996). Na Índia (Victor, *et al.,* 1994), na China (Wu, *et al.,* 1991) e na Etiópia, perto da fronteira entre a Etiópia e a Somália (Teklehaimanot, *et al.,* 1993), foram utilizados peixes indígenas para suprimir a reprodução de vectores da malária em estruturas artificiais de retenção de água, tais como poços, cisternas e barris. Além disso, na Ásia, Gupta e outros (1989) revelaram que a gestão de peixes para o controlo de larvas de mosquitos tem sido eficaz quando a piscicultura pode proporcionar benefícios económicos, agrícolas e nutricionais adicionais.

5.5 CONCLUSÃO

Em conclusão, a drenagem do pântano de Yala e as actividades agrícolas e aquícolas criaram condições favoráveis à proliferação de criadouros de mosquitos e à densidade do vetor da malária em particular. Os resultados do estudo indicam que os locais produtivos de *Anopheles gambiae* e *Anopheles funestus* estavam relacionados com habitats específicos criados pelo homem, nomeadamente campos de culturas e vegetais, valas agrícolas e lagos. *O Anopheles gambiae* tem um tempo de geração mais curto em habitats aquáticos, o que torna apropriado esperar uma população maior no ambiente do pântano de yala, em comparação com a população de *Anopheles funestus*, que requer piscinas permanentes iluminadas pelo sol para a sua reprodução. Assim, foi observada uma elevada abundância de *Anopheles funestus* na estação seca em charcos de longa duração. Embora os resultados do estudo permitam considerar os peixes na gestão ambiental para o controlo da malária em ambientes como o do pântano de Yala, a utilização de *Oreochromis niloticus* pós-dedo, anteriormente conhecido como *Tilapia nilotica (Perciformes: Cichlidae)*, teve algumas limitações.

5.6 RECOMENDAÇÃO

1. As práticas destinadas a melhorar os sistemas de gestão dos lagos através da remoção regular da vegetação em torno das margens dos lagos podem ajudar a reduzir os micro-habitats dentro dos lagos que tendem a suportar as larvas dos mosquitos. Qualquer vegetação que penda sobre a borda das valas de irrigação e dos lagos pode fornecer abrigo para as larvas de mosquito e, portanto, precisa de ser controlada através de cortes regulares.

2. É possível que a adição de tilápias adultas e imaturas (alevins) ao tanque possa produzir resultados desejáveis, com os peixes adultos a alimentarem-se de materiais vegetais que fornecem refúgio para as larvas de mosquito, permitindo assim que os alevins as encontrem e se alimentem delas. Assim, estudos futuros devem considerar o uso simultâneo de *Oreochromis niloticus* adultos e recém-nascidos para controlar os mosquitos reprodutores do tanque.

3. No pântano de Yala, a maior parte dos potenciais locais de reprodução de mosquitos ocorreu na proximidade de áreas de povoamento humano. Assim, a investigação futura deve tentar relacionar a ocorrência de vectores na área com casos clínicos de malária na região.

4. A segurança ambiental e a aplicabilidade prática do estrume de vaca para o controlo das larvas devem ser investigadas mais aprofundadamente, especialmente quando as poças de água parada são numerosas e não são suficientemente grandes para suportar peixes.

5. Desencorajar actividades fora das áreas designadas do pântano de Yala e conservar as partes restantes da zona húmida para minimizar a escalada dos vectores da malária na área.

REFERÊNCIAS

Abila, R. (2002): *Utilization and Economic Valuation of the Yala Swamp Wetland, Kenya (Utilização e Valorização Económica da Zona Húmida do Pântano de Yala, Quénia).* In: Gawler, M. (ED.). Best Practices in participatory management. Actas de um workshop realizado na 2nd Conferência Internacional sobre Zonas Húmidas e Desenvolvimento, Dakar, Senegal. Wetlands International. Pp. 96-104 IUCN-WWF Publications No 65 Wageningen, The Netherlands.

Abila, R. Marta Barluenga, Jonanness Engelken, Axel Meyer e Walter Salzburger (2004): *Population Steucture and Genetic Diversity in a Haploochromine Cichlid of a satellite Lake of Lake Victoria.* In: Ecologia Molecular. !3. Pp.2589-2602.

Angelon KA, Petranka JW. 2002. Chemicals of Predatory Mosquitoes *(Gambusia affinis)* Influence Selection of Oviposition Site by Culex mosquitoes. J Chem Ecol. 28: 797-806.

APHA. 1976. *Standard Methods for the Examination of Water and Waste Water (Métodos Padrão para o Exame de Água e Águas Residuais),*
Incluindo sedimentos de fundo e lamas. 14th ed., Associação Americana de Saúde Pública, Nova Iorque, EUA.

Baier F, McGahey C, Wijeyaratne P. 1999. *Resumo das actividades do EHP em Kitwe, Zâmbia* 19971999. Projeto de Saúde Ambiental da USAID, Arlington, Va. Relatório de actividades nº 59.

Bates M. 1949. *The Natural History of Mosquitoes.* Nova Iorque: The Macmillan Company.

Benzerroug, E.H. *Malaria in the African Region:* Conferência Internacional sobre o Paludismo Bruce-Chwatt LJ. 1985. *Essential malariology,* 2nd ed., *John Wiley & Sons, Inc.*, New York. John Wiley & Sons, Inc., Nova Iorque.

Bruce-Chwatt LJ. 1985. *Essential Malariology,* 2nd ed., John Wiley & Sons, Inc., York. John Wiley & Sons, Inc., Nova Iorque.

Chandre F, Darriet F, Duchons S, e Finot L. 2000. *Modificações dos efeitos dos piretróides associados ao kdr em Anopheles gambiae.* Entomologia médica e veterinária, 14: 81-88.

Charlwood JD, Vij R, Billingsley PF. 2000. Refúgios de mosquitos transmissores da malária na estação seca numa zona de savana seca da África Oriental. Am J Trop. Med. Hyg. 62:726-732.

Chinery WA. 1984. Effects of ecological changes on the malaria vectors *Anopheles funestus* and *Anopheles gambiae* complex of mosquitoes in Accra, Ghana. J Trop Med Hyg 87:75-81.

Das PK, Amalraj DD. 1997. *Controlo biológico dos vectores da malária.* Indian J. Med. Res. 106: 174197.
Della Torre A, Merzagora L, Powell JR, e Coluzzi.1997. *Introgressão selectiva entre duas espécies irmãs do complexo Anopheles gambiae.* Genetics 146, 239-244.

Serviço distrital de estatística, Siaya; 2001.

Dua VK, Sharma SK, Sharma VP. 1989. Utilização de esferas de poliestireno expandido para o controlo de mosquitos num complexo industrial em Hardwar, Índia. J. Mos. Control Assoc. 15:614-615.

Dua VK, Sharma SK, Srivastava A, Sharma VP. 1997. Bioenvironmental control of industrial malaria at Bharat Heavy Electricals Ltd., Hardwar, India-results of a nineyear study (1987-95). J. Mos. Control Assoc. 13:278-285.

Rede da África Oriental para a Monitorização do Tratamento Antimalárico (EAN MAT). 2003. A eficácia das monoterapias antimaláricas, sulfadoxina-pirimetamina e amodiaquina na África Oriental: implicações para a política sub-regional. *Trap Med Int Health;* 8: 860-7.

El Safi SH, Haridi AA e Rabaa FM. 1985. A alimentação dos peixes larvívoros Gambusia affinis (Baird e Girard) e Oreochromis (anteriormente Tilapia) niloticus (Linnaeus) nos canais de irrigação de Gezira. J Trop Med Hyg , 88: 169-174.

Enayati AA, Vatandoost H, Ladonni H, Townson H e Hemingway J. 2003. Provas moleculares de um mecanismo de resistência aos piretróides do tipo kdr no mosquito vetor da malária An. stephensi. Medical and veterinary Entomology, 17(2):138-144.

Feachem, Richard G., e Dean T. Jamison, eds. (1991). *Disease and mortality in sub-Saharan Africa (Doença e mortalidade na África Subsariana).* Banco Mundial.

Fletcher M, Teklehaimanot A, Yemane G. 1992. *Controlo das larvas de masquita na parte da cidade de Assab por um peixe indigena larvivaraus, Aphanius dispar.* Ata Tropica 52:155-166.

Garg S. K. e Anita Bhatnagar (1999). Efeito de diferentes doses de fertilizante orgânico (esterco de vaca) na produtividade do tanque e na biomassa de peixes em tanques de água parada. Departamento de Zoologia, Universidade Agrícola CCS Haryana, Hisar, Índia: <http://www.blackwell synergy.com>

Ghebreyesus TA, Haile M, Gatachwe A, Alemayehu T, Witten KH, e Medhin A. 1999. *Incidence af malaria amang children living near dams in narth Ethiapia:* community based incidence survey. British Medical Journal 319, 663-666.

Gillies MT, De Meillon B. 1968. *The Anapheline af Africa Sauth af the Sahara* (Ethiopian zoogeographical region). Joanesburgo: Instituto Sul-Africano de Investigação Médica.

Gimnig JE, Ombok M, Kamau L, Havlett WA. 2001. Caraterísticas do habitat das larvas de Anopheline *(Diptera culicidae)* no Quénia Ocidental. J Med Entomol; 38: 282-288.

Githeko, A.K., Service, M.W., Nbongo, C.M. e Atieli, F.K. (1996). *Comportamento de repouso, ecalagia e genética dos vectores da malária em áreas agrícolas de grande escala no Quénia Ocidental.* Parassitogia 1996; 38: 481-9.

Gooley, B.R. e Lessy, F.H. (1977). *O historial da utilização de Gambusia affinis,* New Jersey. Proc. N.J. Mosq. Cont. Assoc. 64: 154-157. http://www. Nmca.org/Nmca94-16.htm

Governo do Quénia, 1987. *Projeto de recuperação e desenvolvimento do pântano de Yala:* "Relatório inicial". Governo do Quénia e Governo dos Países Baixos. Autoridade para o Desenvolvimento da Bacia do Lago.

Gupta DK, Sharma RC, Sharma VP. 1989. Bioenvironmental control of malaria linked with edible fish production in Gujarat. Indian J. Malariology 26:55-59.

Higginbotham, Bill e Robinson, James (2003). *Controlo Biológico de Mosquitos:* "É comer ou vencer". Notícias e Assuntos Públicos, Programa de Agricultura do Sistema da Universidade A&M do Texas, 14 de julho de 2003.

Houseman, R.M e Hall, R.D. *Departamento de Entomologia.* http://www.agnews.tamu.edu/dailynews/stories/ENTO/Jul1403a.htmhttp://www.muextension. missouri.edu/explore/agguides/pests...htm, 15 de abril de 2005.

Ilaco, B. (1975). *Plano de Desenvolvimento Integrado de Yala:* Relatório de Conceção-Projeto Piloto de Irrigação.

JICA, (1987). *O Estudo do Plano Diretor de Desenvolvimento Regional Integrado para a Área de Desenvolvimento da Bacia do Lago.* Agência de Cooperação Internacional do Japão.

Karch S, Manzambi ZA, Salaun JJ. 1991. Ensaios de campo com Vectolex™ *(Bacillus sphaericus)* e Vectobac™ *(Bacillus thuringiensis* H-14) contra a criação de *Anopheles gambiae* e *Culex quinquefasciatus* no Zaire. J. Am. Mos. Control Assoc. 7:176-179.

Khaemba, B.M., Mutani, A. e Bett, M.K. 1994. *Estudos sobre mosquitos Anopheline que transmitem a malária numa zona urbana das terras altas recentemente desenvolvida*: um estudo de caso da Universidade de Moi e seus arredores. East Afr. Med J 59:161-71.

Knight, R. e Nelville, C. (1991). *A situação da malária no Quénia,* ecozonas epidérmicas e não epidérmicas sazonais.

Konradsen F, Matsuno Y, Amerasinge FP, Amerasinghe, Van der Hoek W. 1998. *Criação de Anopheles culicifacies no Sri-Lanka e opções de controlo através da* gestão *da água.* Ata Tropica 71: 131-138.

Kothari C. R. 2004. Research methodology: methods and techniques, 2nd ed. New age international limited, New Delhi, p.45

Lacey LA, Lacey CM. 1990. *A importância médica dos mosquitos da terra rica e o seu controlo utilizando alternativas aos insecticidas químicos.* J. AM. Mos. Control Assoc. 6(suppl.): 1-93.

Langi, Peter (1998) *Malaria situation in Uganda:* Programa de controlo da malária, Ministério da Saúde, Entebe, p. 5

Legner, E. F. (1978). *Cultura em massa de Tilapia zillii [Cichlidae] em ecossistemas de lago.* Entomophaga 23(1): 51-56.

Lehmann T, Hawley WA, Grebert H, e Collins FH. 1998 *The effective population size of Anopheles gambiae in Kenya:* implications for population structure, Biol. Evol. 15, 264-276.

Lindblade, K.A, Walker, E.D., Onapa, A.W., Katungu, J. e Wilson M.L. (2000).*A mudança de uso do solo altera os parâmetros de transmissão da malária através da modificação da temperatura numa zona montanhosa do Uganda.* Tropical Medicine and International Health 5, 263-274.

Lindsay S. W. e Martens W.J.M. 1998. Malaria in the African highlands: past, present, and future. *Boletim da Organização Mundial de Saúde,* 76: 33-45.

Loevinsohn, M.E. (1994). *Climatic warming and increased malaria incidence in Rwanda (Aquecimento climático e aumento da incidência de malária no Ruanda).* Lancet 343, 714-718.

Manguin S, Peyton EL e Fernandez Loayza R. 1993. Genética populacional de *Anopheles pseudopunctipennis,* vetor da malária na América Central e do Sul. Manuscrito não publicado apresentado na reunião anual 59th . Associação Americana de Controlo de Mosquitos, Ft. Myers, FL.

Matson A.T. 1957. A história da malária em Nandi. East Afr. Med J 31: 47-9.

McCrae, A.W.R. (1983). *Oviposição por mosquitos africanos vectores da malária.I.* Padrões de atividade temporal de Anopheles gambiae Giles sensu lato em jaulas, capturados na natureza e em água doce. Anais de Medicina Tropical e Higiene 77, 615-625.

McMichael AJ, Hames A, Scooff R, Cavats S (eds.) 1996. *Climate change and human health: An assessment prepared by a task group on behalf of the World Health Organization*, the World Meteorological Organization and the United Nations Environment Programme, Geneva, Switzerland: OMS, 1996.
Minakawa N, Mutero CM, Githure JI, Beier JC, Yan G. (1999). *Distribuição espacial e caraterização do habitat das larvas de mosquitos anopheline no Quénia Ocidental.* Am J. Trop. Med. Hyg. 1999 Dec; 61(6): 1010-1016.

Minakawa, N., S. Munga, F. Atieli, E. Mushinzimana, G. Zhou, A.K Githeko, G. Yan. 2005. Distribuição espacial dos habitats de larvas de anopheline nas terras altas do Quénia Ocidental: efeitos dos tipos de cobertura do solo e da topografia. *American Journal of Tropical Medicine and Hygiene,* 73:157-65.

Molina, R., A. Benito, J. Roche, F. Blanca, C. Amela, A. Sanchez, e J. Alvar. 1993. *Dados Entomológicos de Base para um Programa Piloto de Controlo da Malária na Guiné Equatorial.* J Med Entomol. 30: 62-624.

Mouchet, J., S. Manuin, S. Sircoulon, S. Laventure, O. Faye, A. W. Onapa, P. Carnavale, J. Julvez, e D. Fontenille. 1998. Evolution of malaria for the past 40 years: impact of climate and human factors (Evolução da malária nos últimos 40 anos: impacto do clima e dos factores humanos). *Jornal da Associação Americana de Controlo de Mosquitos,* 14:121-130.

Munga, S., N. Minakawa, G. Zhou, E. Mushinzimana, O.O. Barrack, A.K. Githeko, G. Yan. 2006. Associação entre a ocupação do solo e a produtividade do habitat dos vectores da malária nas terras altas do Quénia Ocidental. *American Journal of Tropical Medicine and Hygiene,* 74:69-75.

Mutabingwa T, Nzila A, Mberu E, Nduati E, Winstanley P, Hills E. 2001. Chlorproguanil-dapsone for treatment of drug-resistant falciparum malaria in Tanzania. *Lancet* 358: 1218-23.

Mutero CM, Blank H, Konradsen F, Van der Hoek W. 2000. *Gestão da água para controlar a reprodução de mosquitos Anopheles em esquemas de irrigação de arroz no Quénia.* No prelo.

O'Malley, Claudia (1995). *Seven ways to a successful dipping career.* Wing Beats, Vol. 6(4): 2324.

Osienala, 1998. *Programa de Conservação e Reabilitação do Lago Kanyaboli.* Projeto de relatório, outubro de 1998. Kisumu.

Otieno M. (2004): *Mapeamento das caraterísticas da paisagem do pântano de Yala, Quénia.* Dissertação de Mestrado. Tese, Universidade de Moi.

Pal R. 1945. On the bionomics of *Anopheles culicifacies* Giles, Pt II: *the ecology of the immature stages. J Mal Inst India. 6:* 53-74.

Presidente Kibaki (2005). *O Quénia recebe Shs.6.3b para combater a malária:* The Standard de 27 de julho de 2005.

Rafatjah HA. 1988. *Controlo dos vectores da malária:* Gestão ambiental. Pp.1135-1172, In malaria principles and practices of malariology. Wernsdorfer WH e Mc Gregor I, eds. Churchill Livingstone, Edimburgo, Reino Unido.

Rao DR, Reuben R, Nagasampagi BA. 1995. *Desenvolvimento da utilização combinada de neem (Azadirachta indica) e gestão da água para o controlo de mosquitos culicídeos em campos de arroz.* Med. Vet. Entomol. 9:25-33.

Robert V, Le Goff G, Toto JC, Mulder L, Fondjo E, Manga L, Carnevale P. 1993. *"Mosquitos antropofílicos e transmissão da malária em Edea Camarões",* Trop. Med. Parasitol (Alemanha) 44(1): 14-18.

Rupp HR. 1996. *Adverse assessments of Gambusia affinis:* an alternate view for mosquito control practitioners. J. Am. Mos. Control Assoc. 12: 155-166.

Sachs, J. e Malaney, P. (2002). *The economic and social burden of malaria.* Nature 415: 680685.

Sattler MA, Mtasiwa D, Kiama M, Premji Z, Tanner, Killeen GF, Lengele C. 2005. Caracterização do habitat e distribuição espacial das larvas do mosquito *Anopheles sp.* em Dar es Salaam (Tanzânia) durante um período de seca prolongado. Malar J 2005; 4:4.

Service, M.W. (1993) *Mosquito Ecology:* Field Sampling Methods, 2nd edition. Londres: Elsevier science Publishers Ltd., pp. 75-92

Service, M.W. 1993. *Mosquito ecology:* Field sampling methods, 2nd Ed. Londres e Nova Iorque, Elsevier Applied Science, 988pp.

Serviço, MW. *Medical entomology for students.* Liverpool: Cambridge University Press; 2000.

Sharma VP, Sharma RC. 1989. Controlo bioambiental comunitário da malária no distrito de Kheda, Gujarat, Índia. J. Am. Mos. Control Assoc.5: 514-521.

Singh N, Sharma VP, Mishra AK, Singh OP. 1989. *Bio-environmental control of malaria in a tribal area of Mandla District, Madhya Pradesh, India.* Indian J. Malariol, 26: 103-120

Soprunov, F.F. (ed.), 1988. *Malaria Control,* Programa das Nações Unidas para o Ambiente (PNUA); Centro de Projectos Internacionais, EKNT, p.5

Sunahara T, Shizaka K, e Mogi M, 2002. *O tamanho do habitat é um fator que determina a oportunidade de encontros entre larvas de mosquitos e predadores aquáticos.* J Vetor Ecol 27: 8-20.

Takken W, Snellen WB, Verhave JP, Knols BGJ, Atmosoedjono S, 1990. *Environmental measures for malaria control in Indonesia-an* historical review on species sanitation. wageningen Agricultural University papers. Wageningen, Países Baixos.

Taylor CE, Toure YT, Coluzzi M e Petrarca (1993). *Tamanho efetivo da população e persistência de Anopheles arabiensis durante a estação seca na África Ocidental.* Med. Vet. Entomol. 7, 351-357.

Teklehaimanot A, Kassahun A, Fletcher M. 1993. *Using fish against malaria:* a local initiative, World Health Forum 14:176-177.

The Africa Malaria Report, *Organização Mundial de Saúde e Fundo das Nações Unidas para a Infância,* 25 de abril de 2003, pp.1-3

Thevasagayam ES. 1985.*Environmental management in mosquito control.* Sudeste Asiático J. Trop. Med. Pub. Health 16: 149-152.

Trewavas E. 1983. Tilapiine fishes of the genera Sarotherodon, Oreochromis and Danakilia. Londres, British Museum (Natural History), Cromwell Road.

Tuttle, M.D., e D.L. Hensley. 1993. *The Bat House Builder's Handbook (Manual do Construtor de Casas para Morcegos).* Bat Conservation International, Austin, Texas, 35 pp.

Victor TJ, Chandrasekaran B, Reuben R. 1994. *Cultura composta de peixes para controlo de mosquitos em campos de arroz no sul da Índia.* Southeast Asian J. Trop. Med Public Health 25:522-527.

Walsh, J. F., D. H. Molyneux, e M. H. Birley. 1993. *Deforestation: effects on vetor-borne disease. Parasitology,* 106: 55-75.

Wang Jianguo e Ni Dashu (1984). *A comparative study of the ability of fish to eat mosquito larvae.* instituto de hidrobiologia, Academia Sinica, Wuhan, província de Hubei.http://www.rci.rutgers.edu/~insects/dipping.htm

Wang Jianguo e Ni Dashu trabalham no Instituto de Hidrobiologia, Academia Sinica, Wuhan, Província de Hubei: http://www.idrc.ca/en/ev-27870-201-1-DO_TOPIC.html

OMS, UNICEF Media, Nova Iorque: (212) 326- 7516 www.who.int/mediacentre/news/releases/2003

OMS (2000). "Comité de peritos da OMS sobre o paludismo, Vigésimo Relatório. Genebra, Suíça" Série de Relatórios Técnicos da OMS (892):3.

Organização Mundial de Saúde (OMS). 1980. *Gestão ambiental para o controlo de vectores: Quarto relatório do comité de peritos da OMS sobre biologia e controlo de vectores.* Organização Mundial de Saúde (OMS). Série de relatórios técnicos, n.º 649. OMS, Genebra.

Organização Mundial de Saúde (OMS). 1982. *Manual on environmental management for mosquito control with special emphasis on malaria vectors.* Publicação de compensação da OMS n.º 66, Genebra.
ll

Organização Mundial de Saúde, 1981. *Aquatic macrophytes as Habitat of vectors and Hosts of tropical Diseases, and Biological Control Using Fish* (Relatório técnico da OMS: http://www.fao.org//DOCREP/006/X7580E/X7580E14.htm).

Wu N, Liao G, Li D, Luo Y, Zhong G. 1991. As vantagens do biocontrolo de mosquitos através do armazenamento de peixes comestíveis em arrozais. Southeast Asian J. Trop. Med. Pub. Health 22:436442.

Yamagata Y. 1996. Relatório final da Agência Japonesa de Cooperação Internacional (JICA)-projeto urbano de controlo da malária. Dar es Salaam, Agência Japonesa de Cooperação Internacional.

Yap.HH.1985. *Controlo biológico dos mosquitos, especialmente dos vectores da malária, espécies Anopheles.* Sudeste Asiático J. Trop. Med. Pub. Health 16: 163-172.

APÊNDICES

Apêndice I: Distribuição e abundância das espécies de mosquitos no pântano de Yala.

COMPOSIÇÃO DAS ESPÉCIES DE MOSQUITOS NA ÉPOCA HÚMIDA (abril-junho, 2006)

Control pond			Treated pond			Fish pond			Small water pools			Swamp		
An.ga	*An.fu*	Cu	*An.ga*	*An. fu*	Cu	*An.ga*	*An. fu*	Cu	*An.ga*	*An. fu*	Cu	*An.ga*	*An. fu*	Cu
5	0	3	0	0	6	6	4	0	13	8	3	0	0	0
6	2	4	0	0	3	5	2	1	17	7	2	0	0	0
4	1	2	0	1	4	4	2	0	15	10	6	0	0	0
6	1	3	0	0	5	4	3	0	19	5	3	0	0	0
7	0	1	0	0	5	4	4	2	15	8	0	0	0	0
6	3	3	0	0	1	5	3	0	23	5	1	0	0	0
9	1	2	0	0	3	9	2	0	18	3	3	0	0	0
4	2	4	0	0	2	2	3	1	21	13	3	0	0	0
5	0	5	0	1	4	3	3	1	13	9	2	0	0	0
6	0	3	0	0	3	1	4	0	23	6	2	0	0	0
4	1	2	0	0	3	5	2	1	16	17	7	0	0	0
7	2	2	0	0	4	9	2	0	22	8	3	0	0	0
9	1	4	0	0	6	6	4	0	11	13	5	0	0	0
6	1	5	0	0	4	7	4	0	16	3	6	0	0	0
4	3	3	0	0	4	4	2	3	15	3	3	0	0	0
6	0	5	0	0	0	2	7	0	19	6	5	0	0	0
5	2	2	0	1	2	4	1	0	15	7	2	0	0	0
9	1	3	0	0	3	7	2	0	10	17	6	0	0	0
4	2	2	0	0	1	4	2	0	13	9	5	0	0	0
6	2	5	0	0	3	5	3	0	13	10	5	0	0	0
118	25	63	0	3	66	96	59	9	327	167	72	0	0	0

An. fu: *Anopheles gambiae* **An. fu**: *Anopheles funestus* **Cu** : Culicídeos

COMPOSIÇÃO DAS ESPÉCIES DE MOSQUITOS NA ÉPOCA SECA (julho-agosto de 2006)

Control pond			Treated pond			Fish pond			Small water pools			Swamp		
An.ga	An. Fu	Cu	An.ga	An. Fu	Cu	An.ga	An. Fu	Cu	An.ga	An. Fu	Cu	An.ga	An. Fu	Cu
10	4	2	0	0	3	3	4	1	15	14	4	0	0	0
7	3	2	0	0	1	5	4	1	13	12	1	0	0	0
8	6	1	0	0	0	2	5	1	11	10	4	0	0	1
9	5	1	0	0	0	6	4	1	15	10	3	0	0	0
6	5	1	0	1	3	3	6	0	11	9	0	0	0	0
8	3	2	0	0	2	3	6	1	13	12	3	0	0	0
4	4	1	0	0	2	3	3	2	11	9	6	6	0	0
7	2	3	0	0	1	4	3	2	11	11	0	0	0	0
6	4	5	0	1	2	2	6	0	15	14	8	0	0	1
3	2	1	0	0	0	5	2	2	15	10	6	0	1	0
4	3	2	0	1	4	4	5	2	12	10	0	0	0	0
4	6	4	0	0	3	3	7	1	12	11	1	0	0	0
6	4	2	0	0	3	2	5	2	13	9	8	0	1	1
9	2	2	0	1	2	5	3	0	13	9	5	0	0	0
6	5	1	0	0	1	2	6	1	10	10	2	0	0	0
6	3	3	0	0	3	4	7	0	12	11	5	0	0	0
4	4	3	0	0	3	3	3	1	13	12	2	0	0	0
4	2	1	0	2	3	4	5	2	11	9	2	0	0	0
8	6	1	0	0	2	2	4	4	10	10	2	0	0	0
7	6	0	0	1	2	3	4	1	10	11	3	0	0	0
126	79	38	0	7	40	68	92	25	246	213	65	0	2	3

Apêndice II: Espécies de mosquitos dominantes por estação em cada habitat

As espécies de mosquitos dominantes por estação em cada habitat

Season	Type of pond	*An. gambiae*	*A. funestus*	Culicines
Wet Season	Cont. Pond	118	25	63
	Treat. Pond	0	3	66
	Fish Pond	96	59	9
	Sw pools	327	167	72
	Swamp	0	0	0
Dry Season	Cont. Pond	126	79	38
	Treat. Pond	0	7	40
	Fish Pond	68	92	25
	Sw pools	246	213	65
	Swamp	0	2	3

Composição percentual das espécies de mosquitos mais abundantes recolhidas em todos os locais durante o período de estudo: Dados das experiências de campo.

No.	Mosquito species	Total	Percentage	
1	An gambiae	981	48.83%	
2	An.funestus	647	32.21%	
3	Culicines	381	18.96%	
4	Total	2009	100%	

Composição das espécies de mosquitos: Experiências de campo e semi-campo.

No.	Mosquito species	Total	Percentage	
1	An gambiae	1910	57.40%	
2	An.funestus	858	25.80%	
3	Culicines	557	16.80%	
4	Total	3325	100%	

Apêndice III: Comparações da diferença média das espécies de mosquitos por fonte de água

Quadro 4.3a: Comparações da diferença média das espécies de mosquitos por fonte de água.

				Mean Difference (I-J)	S.E	Sig.	95% Confidence Interval	
Dependent Variable		(I) WATER	(J) WATER				Lower Bound	Upper Bound
Anopheles gambiae	LSD	Rain water	River water	8.87	.51	.000	7.86	9.87
			Swamp water	15.60	.51	.000	14.60	16.60
			Pond water	6.97	.51	.000	5.96	7.97
		River water	Swamp water	6.73	.51	.000	5.73	7.74
			Pond water	-1.90	.51	.000	-2.90	-.90
		Swamp water	Pond water	-8.63	.51	.000	-9.64	-7.63
Anopheles funestus	LSD	Rain water	River water	1.33	.36	.000	.62	2.05
			Swamp water	3.10	.36	.000	2.38	3.82
			Pond water	.93	.36	.011	.22	1.65
		River water	Swamp water	1.77	.36	.000	1.05	2.48
			Pond water	-.40	.36	.272	-1.12	.32
		Swamp water	Pond water	-2.17	.36	.000	-2.88	-1.45
Culicines	LSD	Rain water	River water	.53	.27	.049	3.46E-03	1.06
			Swamp water	1.80	.27	.000	1.27	2.33
			Pond water	-6.67E-02	.27	.804	-.60	.46
		River water	Swamp water	1.27	.27	.000	.74	1.80
			Pond water	-.60	.27	.027	-1.13	-7.01E-02
		Swamp water	Pond water	-1.87	.27	.000	-2.40	-1.34

Apêndice IV: Parâmetros de qualidade da água

Tabela 4.4 Valores médios dos parâmetros de qualidade da água observados durante o estudo de campo

		N	Mean	Std. Deviation	Std. Error	95% Confidence Interval for Mean		Min	Max
						L. Bound	U. Bound		
Temp	control pond	120	25.8600	.5863	5.352E-02	25.7540	25.9660	25.10	26.70
	treated pond	120	25.9300	.5455	4.980E-02	25.8314	26.0286	25.20	26.70
	fish pond	120	26.0275	.4613	4.211E-02	25.9441	26.1109	25.20	26.70
	swamp	120	26.1350	.4533	4.138E-02	26.0531	26.2169	25.50	26.80
	Total	480	25.9881	.5234	2.389E-02	25.9412	26.0351	25.10	26.80
PH	control pond	120	6.1013	.1763	1.609E-02	6.0694	6.1331	5.80	6.30
	treated pond	120	6.2720	.1472	1.344E-02	6.2454	6.2986	6.10	6.50
	fish pond	120	6.3288	.2341	2.137E-02	6.2864	6.3711	6.10	6.80
	swamp	120	7.4300	9.579E-02	8.745E-03	7.4127	7.4473	7.30	7.50
	Total	480	6.5330	.5521	2.520E-02	6.4835	6.5825	5.80	7.50
Oxygen	control pond	120	5.3425	.2213	2.020E-02	5.3025	5.3825	5.10	5.85
	treated pond	120	5.3425	.2213	2.020E-02	5.3025	5.3825	5.10	5.85
	fish pond	120	5.2038	.3194	2.916E-02	5.1460	5.2615	4.75	5.70
	swamp	120	4.3375	.1284	1.172E-02	4.3143	4.3607	4.10	4.50
	Total	480	5.0566	.4793	2.188E-02	5.0136	5.0995	4.10	5.85
Turbidity	control pond	120	26.7625	.3373	3.079E-02	26.7015	26.8235	26.20	27.20
	treated pond	120	178.6250	1.4367	.1312	178.3653	178.8847	176.00	180.00
	fish pond	120	176.2625	1.8482	.1687	175.9284	176.5966	173.00	178.00
	swamp	120	320.7500	1.6766	.1531	320.4469	321.0531	319.00	324.00
	Total	480	175.6000	104.0785	4.7505	166.2656	184.9344	26.20	324.00
Conductivity	control pond	120	190.5000	28.9349	2.6414	185.2698	195.7302	156.00	219.00
	treated pond	120	73.1075	.6337	5.785E-02	72.9930	73.2220	72.50	74.00
	fish pond	120	75.1750	.8404	7.672E-02	75.0231	75.3269	73.00	76.00
	swamp	120	236.1500	.9928	9.063E-02	235.9705	236.3295	235.00	238.00
	Total	480	143.7331	72.9604	3.3302	137.1896	150.2767	72.50	238.00

		Species	Density	Temp.	PH	D. O	Turb	Cond
Species	Pearson Correlation	1.000	-.189	.000	.000	.000	.000	.000
	Sig. (2-tailed)	.	.000	1.000	1.000	1.000	1.000	1.000
	N	480	480	480	480	480	480	480
Density	Pearson Correlation	-.189	1.000	-.042	-.479	.373	-.565	-.112
	Sig. (2-tailed)	.000	.	.358	.000	.000	.000	.014
	N	480	480	480	480	480	480	480
Temperatures	Pearson Correlation	.000	-.042	1.000	-.040	-.474	.177	.167
	Sig. (2-tailed)	1.000	.358	.	.380	.000	.000	.000
	N	480	480	480	480	480	480	480

PH	Pearson Correlation	.000	-.479	-.040	1.000	-.700	.846	.564
	Sig. (2-tailed)	1.000	.000	.380	.	.000	.000	.000
	N	480	480	480	480	480	480	480
Dissolved Oxygen	Pearson Correlation	.000	.373	-.474	-.700	1.000	-.729	-.637
	Sig. (2-tailed)	1.000	.000	.000	.000	.	.000	.000
	N	480	480	480	480	480	480	480
Turbidity	Pearson Correlation	.000	-.565	.177	.846	-.729	1.000	.204
	Sig. (2-tailed)	1.000	.000	.000	.000	.000	.	.000
	N	480	480	480	480	480	480	480
Conductivity	Pearson Correlation	.000	-.112	.167	.564	-.637	.204	1.000
	Sig. (2-tailed)	1.000	.014	.000	.000	.000	.000	.
	N	480	480	480	480	480	480	480

MIX
Papier aus verantwortungsvollen Quellen
Paper from responsible sources
FSC® C105338

Printed by Books on Demand GmbH, Norderstedt / Germany